职场思维导图

创造高效思考力的必修课

黄亦栋◎著

机械工业出版社
CHINA MACHINE PRESS

本书以提升职场核心竞争力——思维力为目标，为职场人士提供了一套实用的思维导图工具和策略。这些工具和策略旨在帮助读者在各种高频工作场景中快速提升思维效率和工作表现。书中的每一个思维导图模板都经过了精心的设计，易于读者理解和应用，使读者能够迅速掌握并立即投入实践。读者可以根据自己的时间和需求，选择碎片化学习或体系化学习。无论是快速检索特定场景的解决方案，还是系统性地深入学习思维导图的构建和应用，本书都能满足不同读者的学习偏好。本书适合所有行业的脑力工作者，无论你是初入职场的新人，还是寻求自我提升的资深职场人士，都能通过本书的学习和实践，显著提高思维能力和工作效率。

图书在版编目（CIP）数据

职场思维导图：创造高效思考力的必修课 / 黄亦栋著. -- 北京：机械工业出版社，2025.7. -- ISBN 978-7-111-78871-3

Ⅰ．F272

中国国家版本馆CIP数据核字第20252DP994号

机械工业出版社（北京市百万庄大街22号 邮政编码100037）
策划编辑：赵 屹　　　　　责任编辑：赵 屹 戴思杨
责任校对：贾海霞 丁梦卓　　责任印制：邓 博
天津市银博印刷集团有限公司印刷
2025年8月第1版第1次印刷
148mm×210mm・9.5印张・1插页・254千字
标准书号：ISBN 978-7-111-78871-3
定价：79.00元

电话服务　　　　　　　　　　网络服务
客服电话：010-88361066　　　机 工 官 网：www.cmpbook.com
　　　　　010-88379833　　　机 工 官 博：weibo.com/cmp1952
　　　　　010-68326294　　　金 书 网：www.golden-book.com
封底无防伪标均为盗版　　　机工教育服务网：www.cmpedu.com

序言

奇妙邂逅

时光倒流至1998年,学生时代的我在书店偶遇了"贝塔斯曼书友会"的推广活动,工作人员介绍说只要填表入会就可免费获赠两本书。"免费"在那个年代尚属新鲜事物,于是我填写了表格,并在推荐书目中勾选了《学习的革命》。

大约一周后,我从邮局取回了包裹。翻开这本书,一张标注为"脑图"的树状结构插图瞬间吸引了我的注意力。相比传统的线性笔记,这种将信息"挂在"树枝上的方式颇具新意,不仅能清晰地展现信息间的关联,还通过图文并茂的形式增强记忆效果。

随后,我便开始尝试用这种神奇的图,将老师课堂上所讲的内容记录下来。没过多久,这场学习的"革命"就收到了效果——我的学习成绩有了明显的提升。这引发了老师和同学们的好奇,纷纷询问我是如何做到的,我毫无保留地将思维导图分享给大家。很快,这种"新潮"的笔记,就在班上流行起来了。时至今日,我依然清晰记得期末考试后,大家提起思维导图时赞不绝口的情景。

不解之缘

我不曾想到,这次偶然接触到的思维导图,竟会变成我此后二十多年职业生涯中形影不离的伙伴。从帮助身边的同学掌握这一思维工具开始,我始终坚持使用并积极推广思维导图。进入大学后,思维导图更是成为我应对繁重学业和实习挑战的利器。我也逐渐养成了行动前绘制思维导图来厘清思路的习惯，并延续至今。

随着互联网的发展，国内各大BBS（论坛）相继开设了思维导图专区，我也有幸初次接触到思维导图软件。我的第一份工作，是在一家外资培训机构担任IT技术支持。令我惊讶的是，许多外籍同事对思维导图软件的使用早已驾轻就熟。从后续的交流中我得知，在国外的企业中，思维导图与Word、PPT、Excel等办公软件享有同等重要的地位。在处理重要工作时，大家总会先用思维导图进行系统性分析并制订计划，然后将思考成果通过电子邮件与相关人员共享，这已然成为团队沟通的"通用语言"。然而绝大部分中国同事对此却知之甚少，常笑称我们发送的是"机密文件"。

几年后，我以产品经理的身份参与了著名思维导图软件Mindjet MindManager的研发工作，并负责其在中国地区的市场推广。在随后的三年里，我沉浸在这种以思维导图为核心沟通语言的文化中，深刻体会到了"想清楚，再动手"所带来的巨大价值。因工作原因，我有幸走访了许多世界500强企业的中国区总部，为中方员工介绍思维导图并讲授相关课程，帮助他们更高效地与外籍同事协同工作。

随着走访企业数量的增多，我愈发感受到外企对思维导图的高度重视：重大项目在启动前，往往已通过思维导图完成多轮规划迭代，有效避免了因仓促上马而导致的失败风险；重要会议从筹备到纪要，皆以思维导图构建知识框架，确保相关人员查阅时能完整还原决策情境；日常工作规划与汇报，均采用思维导图进行可视化呈现，令各级人士都能清晰掌握工作进展状态。可以说，思维导图已成为这些企业知识工作者提升效率的必备工具。

感受到了国内外企业在"思考能力"层面的差距后，我开始致力于向更多中国本土企业推广思维导图工具，希望能帮助更多人掌握这一思维方法，改善思维习惯，从而提升职场竞争力。为此我转型成为一名职业培训师，迄今已为300余家企业提供过思维导图培训。

创作初心

促使我创作本书的原因主要有以下两点。

1. 专注于职场应用的思维导图类书籍相对匮乏

在长期的思维导图培训工作中,我发现学员们常常请我推荐适合深入学习思维导图的书籍。通常我会推荐东尼·博赞先生的奠基之作《大脑使用说明书》,但学员们普遍反映该书存在两处不足:一是理论阐述较为晦涩,缺少案例支撑;二是由于出版时间较早,市面流通量较少,购买起来比较困难。

进一步调研后发现,市场上的思维导图书籍主要可以分为两类:一类偏重于介绍博赞先生的原生理论体系;另一类则面向基础教育场景,以应试内容思维导图化为主。这两个方向,均难以满足当前职场人士的实际需求,所以我决定创作一本可以"拿来就用"的思维导图职场应用工具书,来填补这一市场空缺。

2. 相较于传统培训,书籍能够触达更多人群

如前文所述,为了帮助更多本土企业借助思维导图升级员工的"大脑操作系统",我转型成为一名职业培训师,奔赴全国各地开展培训课程。然而,随着年龄的增长,高强度差旅式授课给身体带来的负担日益加重。特别是疫情的出现,让我深刻意识到逐一前往企业授课的模式已无法满足市场需求。要想更高效地推广思维导图,撰写书籍或许是更为明智的选择。

因此,我对二十多年来积累的知识体系、思考成果及实操经验进行系统梳理,通过文字、思维导图及音视频课程等多模态呈现方式,助力职场人士成为"更好的自己"。

目标读者

本书的目标读者为各行业的知识工作者,以及那些需要系统思考并希望提升自我的职场人士。读者可通过本书提高思维能力及工作效率。

1. 应届毕业生

通过本书快速熟悉职场中的高频场景，结合思维导图工具模板的应用，迅速适应团队协作节奏，达到职场新人的基本要求。

2. 基层员工

通过本书系统学习思维导图工具及其应用，显著提升日常事务处理效率，成长为企业的高潜力储备人才。

3. 中层管理者

通过本书掌握思维导图工具在团队管理中的应用，从而整体提升团队协作效率（尤其是在问题分析与解决、会议管理、报告撰写等场景中）。

4. 高层管理者

通过本书理解思维导图工具在战略规划层面的价值，强化战略思维能力，并通过组织层面的工具推广，系统提升企业整体运作效率，从而增强市场竞争优势。

内容概述

本书由场景篇、工具篇和原理篇三部分组成。以思维导图为主线，将职场上的高频场景串联其中，堪称"职场小百科"。

1. 场景篇

从职场最高频的工作场景切入，系统介绍思维导图在时间管理、目标管理、问题分析及解决、创新思维、工作汇报、工作复盘、会议管理、演讲等场景中的应用。

第一章：以终为始，明标定向——用思维导图高效梳理工作任务

重点介绍如何运用思维导图梳理工作任务，将有限的精力投入"做正确的事"（Do the right things），从而提升时间管理和目标管理效能。

第二章：先思后行，精准施策——用思维导图高效分析解决问题

重点介绍如何运用思维导图来分析和解决工作中的问题，涵盖界定问题、归因溯源、建构方案、抉择方案、拟定计划和落地执行六大环节，确保"正确地做事"（Do things right）。

第三章：无声佳酿，开坛有方——用思维导图高效汇报工作价值

重点介绍如何运用思维导图分析在不同场景下做工作汇报的侧重点，从而做到有的放矢、切中要害，充分展现工作价值。

第四章：前事不忘，后事之师——用思维导图高效复盘沉淀经验

重点介绍如何运用思维导图来对工作进行复盘，涵盖梳理过程、回顾目标、评估结果、分析原因、总结经验和后续改进六大环节，帮助读者高效萃取经验教训，并应用于未来的工作。

第五章：谋定后动，言之有序——用思维导图高效达成沟通目标

重点介绍如何运用思维导图来提升职场沟通效能，在会议、演讲、谈判等场合做到因人而异、因地制宜、因时而变。

2. 工具篇

以常用的思维导图模板和工具为重点，帮助读者在实战中快速掌握思维导图方法论。

第六章：DeepSeek+职场思维导图模板——引爆思维效率

精心梳理 50 个职场高频思维导图模板，配上最新的 DeepSeek 人工智能模型，帮助读者成倍提升思维效率。

第七章：工欲善其事，必先利其器——常用思维导图工具介绍

从实战角度挑选了数款思维导图工具，涵盖基于人工智能辅助绘制思维导图、基于在线协同工具绘制思维导图、在电脑及移动设备上绘制思维导图，帮助读者找到适合自己的创作利器。

3. 原理篇

本书创新性地将枯燥的原理介绍置于末尾，旨在方便读者先从实战中体验思维导图的效果，再系统地学习其原理及背后所蕴含的核心思维机制。

第八章：思接千载，视通万里——全面剖析思维导图的核心价值

深入浅出地介绍思维导图的发展历史，剖析其背后的核心思维模式和机制，帮助读者更全面地了解思维导图的过去、现在及未来。

阅读建议

本书摒弃了以原理讲述，层层推进为架构的传统内容组织方式，改为以实际工作中的高频场景为主线，以"拿来就用"为目标。阅读时，读者既可通过碎片化方式检索具体工作场景来快速解决问题，也可体系化地按章节循序渐进学习思维导图相关知识。章节开头的自测题，希望大家先思考一下，然后带着这些问题来阅读后续内容。在章节末尾会给出自测题的答案及解析。

第六章提供了大量思维导图模板，读者可以通过微信扫描封面勒口的二维码的方式，快速获取相应模板。由于作者水平有限，书中难免有错误和不准确的地方，恳请读者批评指正。联系方式：huangyidong@me.com；微信公众号：huangyidong_mindmap；作者官网：https://www.huangyidong.com。

诚挚感谢

本书得以与大家见面，首先要感谢机械工业出版社的赵屹先生和陈丽芳女士；其次，要感谢过去十多年来参与我课程的学员们，以及组织培训的机构伙伴们；最后，我要特别感谢我的母亲、太太和儿子在本书创作过程中给予我的包容和无微不至的照顾。希望远在天国的父亲，也能为我感到自豪。

黄亦栋

2025.3.12 于上海

目 录

序 言

第一章　以终为始，明标定向
——用思维导图高效梳理工作任务　　　　　　　　001

自测问题　　　　　　　　　　　　　　　　　　／002

本章导读　为什么你的工作总是做不完　　　　　／002

一、用一张思维导图，开启高效率的一天　　　　／003

二、准时下班的秘密：擒贼先擒王　　　　　　　／008

三、时间等长不等值，利用好大脑的"黄金时间"　／012

四、方向不对，努力白费：做一个SMART的职场人　／016

五、高效达成目标的三大秘诀：以终为始、立足当下、
小步快跑　　　　　　　　　　　　　　　　／021

六、合理"利用"拖延，减轻临近最后期限所引发的焦虑／025

本章总结　　　　　　　　　　　　　　　　　　／029

自测详解　　　　　　　　　　　　　　　　　　／029

第二章　先思后行，精准施策
——用思维导图高效分析解决问题　　　　　　　031

自测问题　　　　　　　　　　　　　　　　　　／032

本章导读　解决问题的能力，决定了你在职场上能走多远／032

一、界定问题：精准锚定核心偏差 / 034
二、归因溯源：多维解构底层诱因 / 043
三、建构方案：逻辑为骨，创意赋形 / 065
四、抉择方案：沙盘推演，系统决策 / 082
五、拟定计划：分级拆解，风险预控 / 090
六、落地执行：闭环迭代，动态纠偏 / 097

本章总结 / 100
自测详解 / 101

第三章　无声佳酿，开坛有方
——用思维导图高效汇报工作价值　　　　**103**

自测问题 / 104
本章导读　酒香也怕巷子深，用汇报展现你的价值 / 105
一、积极主动，时刻准备：识别职场中的高频汇报场景 / 107
二、以终为始，确立目标：清晰设定你的汇报目标 / 109
三、知己知彼，百战不殆：深入分析你的汇报对象 / 114
四、因地制宜，因人而异：设计你的汇报路线图 / 121

本章总结 / 140
自测详解 / 141

第四章　前事不忘，后事之师
——用思维导图高效复盘沉淀经验　　　　**145**

自测问题 / 146
本章导读　吃一堑长一智，不要重复掉进同一个坑里 / 147
一、前事不忘：用思维导图还原真相 / 150

二、后事之师：用思维导图揭示本质 / 156

三、复盘实战：从过往的经历中成长 / 160

本章总结 / 166

自测详解 / 166

第五章 谋定后动，言之有序
——用思维导图高效达成沟通目标 169

自测问题 / 170

本章导读 在职场上怎样更高效地沟通 / 171

一、职场沟通策略：升维思考，降维沟通 / 173

二、职场高效沟通场景：会议 / 180

三、职场高效沟通场景：演讲 / 191

本章总结 / 201

自测详解 / 202

第六章 DeepSeek+ 职场思维导图模板
——引爆思维效率 205

本章导读 当思维导图遇上 DeepSeek，突破常规思考效率的极限 / 206

一、时间及目标管理 / 210

二、问题分析 / 214

三、创新思维 / 219

四、沟通协同 / 224

五、复盘 / 232

第七章　工欲善其事，必先利其器
——常用思维导图工具介绍　　　　　　　　　　　**237**

　　本章导读　挑选"利器"，提升思维可视化效率　　/ 238

　　一、使用人工智能辅助绘制思维导图　　　　　　/ 239

　　二、使用在线工具绘制思维导图　　　　　　　　/ 243

　　三、使用电脑软件绘制思维导图　　　　　　　　/ 251

　　四、使用移动设备绘制思维导图　　　　　　　　/ 255

　　本章总结　　　　　　　　　　　　　　　　　/ 257

第八章　思接千载，视通万里
——全面剖析思维导图的核心价值　　　　　　　　**259**

　　本章导读　你的大脑操作系统需要升级　　　　/ 260

　　一、思维导图的发展历史及基本概念　　　　　　/ 261

　　二、思维导图的外在四要素　　　　　　　　　　/ 268

　　三、思维导图的内在四核心　　　　　　　　　　/ 270

　　四、思维导图的核心价值　　　　　　　　　　　/ 282

　　五、思维导图的发展现状和未来展望　　　　　　/ 286

　　本章总结　　　　　　　　　　　　　　　　　/ 292

第一章

以终为始，明标定向

用思维导图高效梳理工作任务

自测问题

1. 你是公司客服部门的主管，刚刚接到了一个用户投诉。投诉的内容是某位 400 热线的接线员没有很好地帮助用户解决问题，并且对相关产品知识很不熟悉。初步了解了情况后，你发现接线员是新入职员工，用户所投诉的产品也是刚刚上市不久的新产品，相关的产品培训材料还有所缺失。那么接下来你准备怎么办？

A. 立即寻找对这个产品熟悉的同事，主动联系用户解答问题，并提供相应的补偿方案。

B. 分析当前新产品上市前相关培训的标准作业流程（SOP），考虑是否有优化改进的空间。

C. 分析当前新员工入职后相关培训的标准作业流程（SOP），考虑是否有优化改进的空间。

2. 你是某个项目组的负责人，在查看项目组成员提交的工作计划时，发现有位同事列出的下周重点任务多达十几项，这显然超出了实际可行的范围。接下来你准备怎么做？

A. 对其计划进行优先级判定，重新排序后删除你认为并非重点的任务，并要求其按照你的方案执行。

B. 与其当面沟通，询问其为何如此安排工作计划，是否有信心完成。

C. 与其电话沟通，不如让其重新对任务排序，找出最重要的一项任务，下周重点执行并完成此项任务。

本章导读
为什么你的工作总是做不完

如果要用一个字来形容当下的职场环境，恐怕大家第一个想到的就是"卷"。为了应对密密麻麻的待办工作清单，除了不停加班，似乎想不出更好的解决方案。大家不禁要问，为什么我们的工作总是做不完？答案其实也很简单，因为我们：

- 做了本不该做的事；
- 该做的事没有做好。

想要在日益内卷的职场环境下，通过自己的努力达成目标、实现梦想、兑现价值并不是一件容易的事，我们需要先做好以下两点：

做正确的事（Do the right things）

面对满满当当的待办工作清单，我们需要有能力做出正确的选择，找出那些对达成目标能起到关键作用的工作（right things），避免让自己陷入那些并不重要的工作中。

正确地做事（Do things right）

投入足够多的时间和精力，用比别人更高的效率，专注地将这些关键工作完成好。

本章将聚焦于通过思维导图，结合职场上的两项关键能力——**目标管理能力**、**时间管理能力**，以可视化的方式，将目标和工作规划清晰地呈现出来，帮助大家更高效地找出那些正确的事。

阅读完本章后，你将了解：

- 怎样将一天的工作规划，清晰地呈现出来；
- 怎样找出最关键的工作，避免把时间浪费在其他事情上；
- 怎样抓住大脑的"黄金时间"，高效地完成关键工作；
- 怎样设定一个好的目标，并及时校准目标，避免偏离轨道；
- 怎样围绕目标，合理利用"拖延"，有效减少最后期限带来的压力。

一、用一张思维导图，开启高效率的一天

俗话说，一年之计在于春，一日之计在于晨。每个工作日最初的

15分钟，是我们的大脑最清醒的"黄金时间"。此时，若能将接下来一整天的工作，在大脑中进行梳理，并通过思维导图的方式"可视化"地呈现出来，那么你就相当于拥有了一张高效率完成工作的"导航图"。

绘制"今日工作规划"思维导图

首先将中心主题设定为"今日工作规划"，随后打开平时常用的思维导图软件，或者找一张A4纸横过来绘制思维导图。以十五分钟为例，可将绘制过程分为三个阶段。

图 1-1　准备绘制"今日工作规划"思维导图

第一阶段：开脑洞（5分钟）

所谓"开脑洞"指的是，通过"水平思考法"，将当天能想到的所有工作从大脑中"搬出来"，记录到思维导图软件或A4纸上，有效减轻大脑记忆的压力。在这个过程中不需要考虑工作的优先级，也不要做分组、归类等工作，只需将大脑思考的重点放在如实记录想到的每一项工作上即可。

图 1-2　将今天的工作从大脑中"搬出来"

注意,每项具体工作记录在一条一级分支上。在记录某项具体工作的过程中,如果联想到了与之相关的工作,或者想进一步思考这项工作的细节,可以直接在该项工作后面以关联线、二级分支、三级分支等形式增加记录。

第二阶段:排顺序(5分钟)

5分钟之后,我们就可以进入第二阶段。借助"垂直思考法",理性分析上一阶段记录下来的所有工作,并排定优先级顺序。由于此前已经把大脑中的工作"搬到"了外面,所以我们可以将大脑思考的重点聚焦于确定先做哪件事。考虑到时间有限,此时我们应尽量避免额外增加新工作,只对已记录下来的每项工作进行排序、分组、归类、删除等调整。

在使用思维导图软件时,你可以通过拖拽的方式快速调整顺序。在A4纸上手绘时,用数字标明优先级,如1表示最高、2表示其次,依次类推。

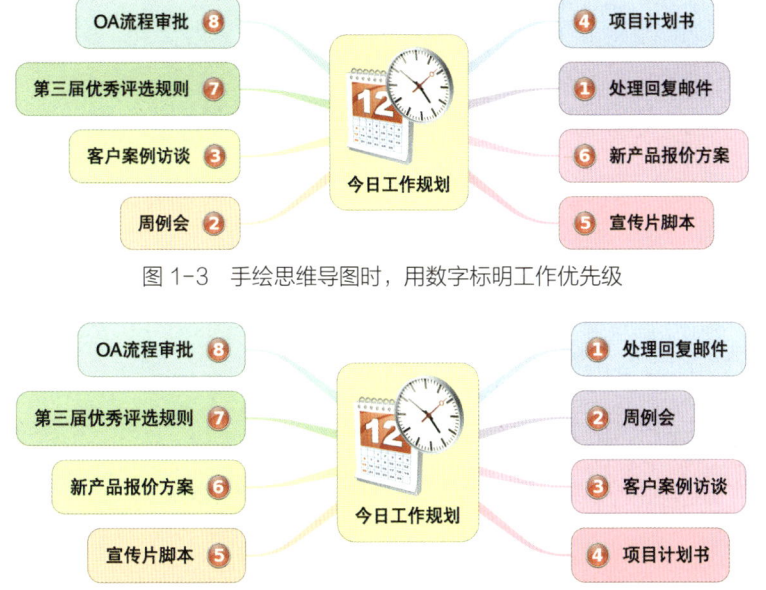

图 1-3　手绘思维导图时,用数字标明工作优先级

图 1-4　使用思维导图软件时,通过拖拽鼠标调整工作优先级

注意，这一阶段我们通常会用到时间管理工具"艾森豪威尔矩阵（四象限法则）"，即从重要性和紧急性这两个维度来综合考量每一项工作，排出相对合理的优先顺序。当然，这一工具并非完美无缺，有些时候也会给我们的选择造成诸多困扰，在下一节中我们还会介绍更多相关工具和方法。

第三阶段：补细节（5分钟）

完成上述阶段后，我们已经拥有了一张相对完善且具有一定优先级顺序的"今日工作规划"思维导图。此时的思维导图可能和大家平时常用的待办工作清单（to-do list）差别并不大。因为我们只是得到了一堆工作和大致的优先顺序，却还没有包括"具体如何做"这一重要的信息。所以接下来的时间，我们需要围绕"具体如何做"这些工作来补充细节，形成一张真正的"今日工作规划"思维导图。

按优先级由高到低，依次思考思维导图上每个一级分支的工作，聚焦在如何完成这件事上。当发现某项工作比较复杂时，可以试着将其拆解成几个子任务。

图 1-5 对每一项工作的初步方案进行补充

第一章 以终为始,明标定向——用思维导图高效梳理工作任务

注意,由于时间有限,这张图并不能完整地展示每项工作的详尽实施方案。但作为当天工作规划的蓝图,它已经为后续高效推进每一项工作打下了基础。你完全可以基于这张思维导图,重新分配后续工作时间,以进一步细化每一项工作。

总结回顾

通过 15 分钟的高强度思考,我们绘制出了一张当天工作规划的思维导图。它不仅能帮助我们清晰地梳理出要做哪些事,还能对各项事务进行优先级排序,并进一步规划具体实施方案。从承载的信息量和呈现方式来看,它均优于传统的待办工作清单。这也是为什么现在越来越多的职场人士将思维导图作为开启每天工作的首选工具。

如图 1-6 所示,已完成的工作可归入"**已完成**"类别;尚未完成的工作可归入"**进行中**",作为下午或第二天的工作继续推进;暂时受阻或因计划变更而临时暂停的工作可归入"**暂缓推进**";临时额外增加的紧急工作可归入"**临时插入**"。通常,我们应尽可能避免临时插入的工作,因为这很容易打乱既定规划。建议大家在中午和下班前分别进行一次快速复盘,梳理工作的具体推进情况并记录在思维导图上。

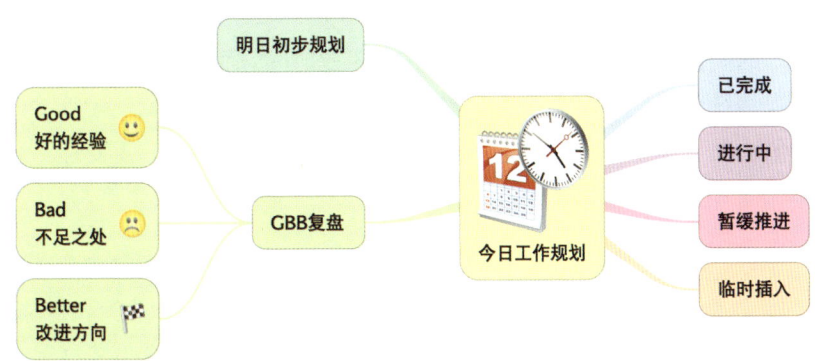

图 1-6 对当天的工作进行快速复盘

此外,模板中还使用了 GBB 复盘法,本书第四章将会详细介绍。

二、准时下班的秘密：擒贼先擒王

通过上一节介绍的方法，大家应该对怎样借助思维导图初步梳理工作，从而开启高效率工作的一天有了一定了解。看着以"可视化"方式呈现的工作规划，你可能会惊讶地发现自己一天里居然要处理那么多事情。不仅如此，临时插入的工作量可能也远远超出你的想象，而最终为了完成这些工作，你不得不选择加班。

对于职场人来说，偶尔加班其实并没有什么问题，但是如果长期陷入加班的泥潭，可能就会进入一种时间越来越不够用、工作却越来越多的恶性循环。长此以往，不仅会失去对工作的热情，严重的还会引发焦虑甚至是抑郁，进而影响身体健康。想要跳出这个恶性循环，每天都能准时下班，我们需要了解时间管理的真相。

我们能管理的并不是时间，而是要做的事情

时间是最公平的，它以恒定的速度朝着一个方向流动。不管是达官显贵还是黎民百姓，一天都是 24 小时。人类无法将时间暂停、延缓或加速，所以时间并不能被管理。

你可能会问，既然时间如此公平，为什么有的人取得了卓越的成就，而有的人却碌碌无为呢？很显然问题并非出在时间上，而是出在每个人利用时间的能力上。

时间管理的真相：我们能管理的并不是时间，而是我们要做的事。

传统的时间管理方法中，最常用的莫过于"艾森豪威尔矩阵（四象限法则）"。如图 1-7 所示，其构成是基于某项工作的"重要性"和"紧急性"组合的二维矩阵：

- 第一象限表示某项工作**"既重要又紧急"**，通常我们需要立即着手处理这类工作；
- 第二象限表示某项工作**"重要但不紧急"**，通常我们可以制订一个计划，在未来某个合适的时间着手处理这类工作；
- 第三象限表示某项工作**"既不重要又不紧急"**，毫无疑问处理这类工作最好的办法是将其从待办任务中删除；

- 第四象限表示某项工作"**紧急但不重要**",通常这类工作会以"临时插入"的方式出现在我们面前,比较好的办法是让其他人来协助我们处理。

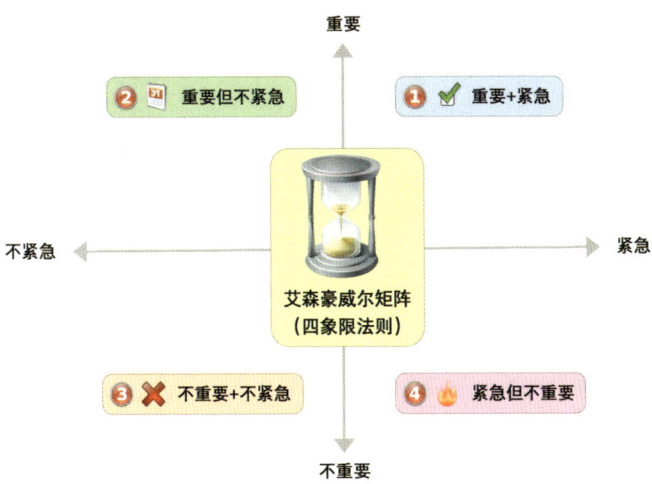

图 1-7　艾森豪威尔矩阵(四象限法则)

我们可以基于艾森豪威尔矩阵,对上一节中的今日工作进行重新排序,得到如下结果。

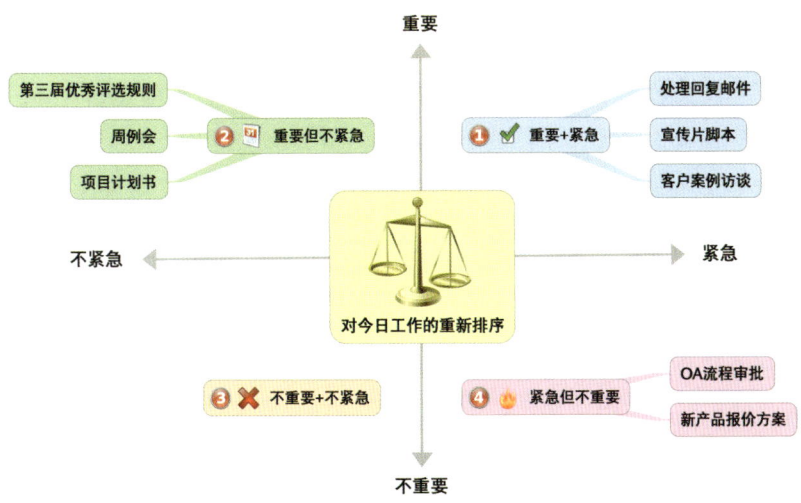

图 1-8　基于艾森豪威尔矩阵对工作进行重新排序

这一结果相对更加科学，但是对于一天来说，工作量还是太大了。想要完成所有的工作，恐怕还得加班。那么有没有更好的方法，可以既完成工作又能准时下班呢？

擒贼先擒王：找到最关键的工作，集中精力将其完成

每个职场人每天的精力是有限的。如果我们一味追求高效率，希望在一天内完成尽可能多的工作，那么最终我们只会把自己累倒。其实，**重要的不是完成工作的数量，而是这些工作所能产生的价值**。

大家熟悉的 80/20 法则（帕累托法则）指出：80% 的成果和价值，可能源自 20% 的核心工作。我们不必过于纠结于具体数字，无论是 90/10 还是 70/30，帕累托法则真正强调的重点是：**凡事并非同等重要，有的事情会更加重要，且重要得多**。绝大部分收益实际上是靠较少部分的付出获得的。只要选择得当，取得卓越成就所需的付出可能比我们想象的要少。因此，想要准时下班，首先需要评估每项工作的价值，擒贼先擒王——找出 20% 的关键工作，并投入足够的时间和精力将它们完成。

> 例如，新同事小张第二天要参加一个项目复盘会，初来乍到的他为了给大家留下好的印象，准备制作一个精美的 PPT。于是他花了大半天时间在网上寻找 PPT 模板，但是对于关键的复盘内容，却只花了很少的时间去思考。结果你估计也猜到了，复盘会上大家看到了一个样式好看但内容空洞的 PPT，领导也只能摇摇头。这就是典型的"做了本不该做的事"和"该做的事没有做好"。

那么，要怎样评估每项工作的价值呢？

上文介绍过的艾森豪威尔矩阵（四象限法则）非常经典且易于理解，但在实际应用中却常给大家带来一些困扰。如图 1-8 所示，当面临多项均属于"既重要又紧急"的工作时，应如何排定优先级？如何确保那些"重要但不紧急"的事务不被忽视，避免它们在未来某天骤

然变得极为紧急?是应该优先处理"紧急但不重要"的工作,还是优先处理"重要但不紧急"的工作?

为了化解上述困扰,我们可以在"重要性"和"紧急性"的基础上,再增加一个维度——"持续性"。升级后的"三维时间管理"模型能够有效拓宽我们的视野,协助我们更好地评估工作的价值。假设某项工作会对未来产生影响,那么可以从以下三个维度来评估其价值:

- **重要性**:影响的范围、大小;
- **紧急性**:影响多久后会到来;
- **持续性**:影响将会持续多久。

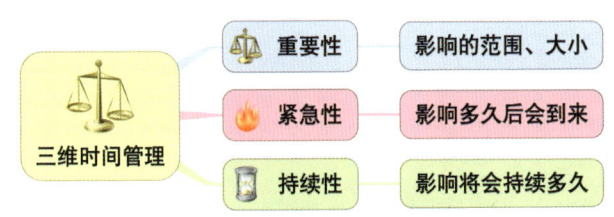

图 1-9 三维时间管理模型

俗话说:"授人以鱼,不如授人以渔。"当你遇到一个饿了三天的人,给他一条鱼吃,让他填饱肚子,这确实可以快速解决当前的问题。但是如果能教这个人捕鱼的技巧,那么也许他以后再也不会饿肚子了。所以当思考时加入了"持续性"这个维度后,你会发现"授人以渔"所产生的影响将持续很久,其意义也将远远超过"授人以鱼"。

如图 1-10 所示,我们可以通过思维导图来分析每项工作的价值。

图 1-10 用三维时间管理模型评估工作价值

分别从重要性、紧急性和持续性三个维度进行打分，其中 3 分代表高、2 分代表中、1 分代表低。随后，将这三个维度的得分相加，以得出该项工作的价值分。总分越高，表明该项工作的价值越大。

我们回到上一节所举的例子，对"既重要又紧急"的三项工作再次进行评估。得到如图 1-11 所示的最终价值得分：处理回复邮件的得分是 6 分，宣传片脚本的得分是 7 分，客户案例访谈的得分是 6.5 分。由此得出，最有价值的工作是宣传片脚本。需要注意的是，这里客户案例访谈的重要性得分是 2.5 分，通过引入小数来进一步区分几项工作之间的高低，方便我们灵活比较。你也可以根据自己的需要，将评分制改为 5 分制、10 分制甚至是百分制。

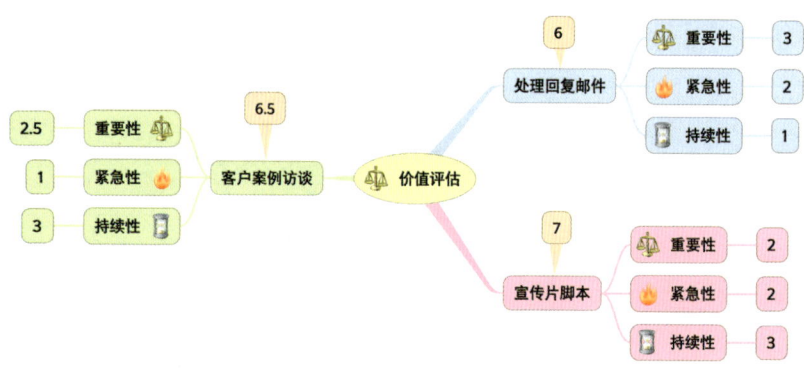

图 1-11 用三维时间管理模型评估工作价值示例

想要准时下班？那就集中精力和资源，把宣传片脚本这项工作完成吧。至于其他几项工作，适当延一下吧。拖延其实也是一种有效的时间管理策略，在本章后续我会对此加以介绍。

三、时间等长不等值，利用好大脑的"黄金时间"

通过上一节介绍的方法，大家应该对如何通过思维导图分析工作的价值有了一定了解。只有先找出最关键的工作，才有可能投入足够多的精力将其完成。本节我们将探讨如何利用好大脑的"黄金时间"，集中精力高效完成最关键的工作。

每天都是由 24 个小时构成的，时间是等长的，但却不是等值的。根据最新的脑科学研究成果，在大脑机能最强的时间段，做最合适的工作，可以将工作效率提高两倍，甚至更高。

而大脑机能最强的"黄金时间"，通常是每天早上起床后的两三个小时。经过一整晚的休息，大脑正处于一种非常有条理的状态。在这段时间里，我们的头脑最为清醒，也不容易感到疲惫。去掉起床后的洗漱、用餐时间和每天上班路上的通勤时间后，还剩下一个小时左右的时间，也就是每天到达工作岗位上最初的一个小时。

如何利用好这段宝贵的"黄金时间"，也就成了我们提高工作效率的重要抓手。每天的日常工作，可以简单分为两类：一类是需要高度专注和深度思考的工作，例如撰写各类方案书、策划项目、设计等工作；另一类则是不需要高度专注和深度思考的工作，例如查看邮件、接打电话、回复消息、处理日常文件等。

在专注力高的时间段，做需要高度专注的工作

利用好大脑"黄金时间"的诀窍，就是在专注力高的时间段，做需要高度专注的工作。

例如第一节中提到的，利用刚到工作岗位上最初的 15 分钟来规划好一天的工作，是一个非常好的选择。同样的工作如果换到临近午休前的时间段来做，由于上午工作累积的疲劳以及午餐前的强烈饥饿感，大脑难以集中精力，效果会大打折扣。

由于每个人的习惯和所从事工作的性质不同，大家的最佳工作时段差异可能比较大。例如有些人上午工作效率最高，而有些人则在傍晚临近下班前效率最高，还有不少"夜猫子"一到晚上就精神十足。对于我们来说，找到自己最佳的工作时间段，将需要高度专注的工作安排在这一时间段内进行，显然是个很好的办法。

那么除了选择适合自己的"黄金时间"之外，还有没有其他办法能让自己尽可能保持高度专注呢？番茄工作法（The Pomodoro Technique）这一工具，是一个不错的选项。

番茄工作法由弗朗西斯科·西里洛在 1992 年提出，简单来说，它是为克服人们的专注力难以长时间维持这一问题，提前将一项工作有计划地切分成几个小段来完成。每一段的时长都被控制在人所能保持的专注力极限内。通常 25 分钟是一个番茄工作法的时长单位。工作 25 分钟后，休息 5 分钟，即一个完整的"番茄钟"由 30 分钟（25+5）构成。

如图 1-12 所示，可将番茄工作法提炼成"TBC"模型，并以思维导图的形式呈现。"TBC"原意为 to be continued（未完待续），这一表述十分形象地概括了番茄工作法将一项工作分解到多个"番茄钟"里来完成的模式——单个番茄钟结束后，整体工作仍处于未完待续状态。

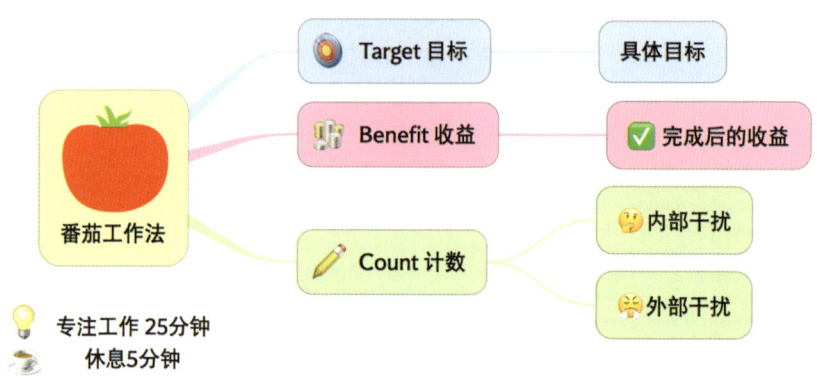

图 1-12　番茄工作法"TBC"思维导图

"TBC"在这里具体指以下三个单词的首字母：

- 目标（Target，T）：描述在接下来的 25 分钟时间里，你希望完成的具体目标。以思考具体目标作为番茄工作法的起点，能帮助我们在工作时更好地实现目标导向，避免跑偏。鉴于 25 分钟时间较短，设定目标时尽可能以小目标为宜，本书后续还会专门介绍目标设定的方法。
- 收益（Benefit，B）：描述达成上述目标后，你可能获得的收益，以此激励大脑尽可能达成目标。想象一下小时候考试前，父母给孩子许下一个承诺：如果考了 100 分，就会给予奖励。同样的道理，当我们思考目标时，也需要给自己设定一个达成目标后的"奖励"，以此激励我们的大脑更好地专注于目标。

- 计数（Count，C）：用来记录这 25 分钟里被打断或干扰的具体信息。在使用番茄工作法时，我们追求的是极致专注，所以要尽可能避免被打断或干扰。及时将这些信息记录下来，有助于我们后续进行分析并设法加以避免。通常我们将干扰分为内部干扰和外部干扰两种：内部干扰指自己在思考过程中产生分心、走神等情况，如临近午餐时间突然想到还没点外卖，于是开始分心思考要点什么；外部干扰指被电话、微信、邮件等打断。

通过将一项工作，分解成几个阶段，然后结合番茄工作法推进，可以有效地确保在工作过程中保持高度专注。图 1-13 展示了使用番茄工作法来进行"年中复盘"这项工作。

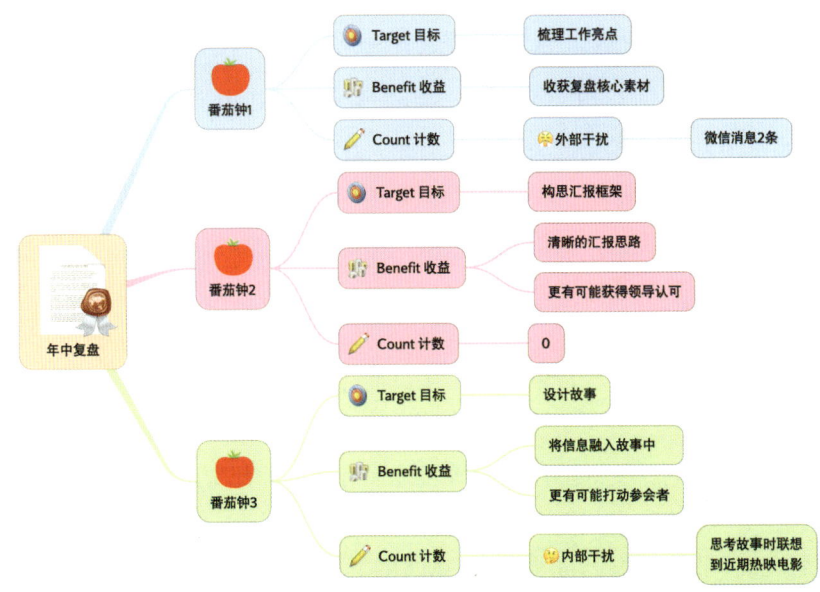

图 1-13　番茄工作法在工作中的实际应用

首先，对年中复盘这项工作进行初步耗时评估，得出预计需要 90 分钟（三个番茄钟）来完成。随后，分别为三个番茄钟设定 Target（目标）和 Benefit（收益），以便我们明确目标并激励大脑达成目标。最后，寻找一个相对私密的空间，把自己"关进去"，选择使用番茄工作法相关的 App 或手机自带倒计时功能，开启一段为期 25 分钟的高专注度工作之旅。在此期间遇到的内外部干扰，都记录在思维导图上，以便后续分析。

注意，番茄工作法的 5 分钟休息时间非常重要，在大脑高度专注工作 25 分钟后会进入疲劳状态，此时如果不停下来让它休息一下，很容易影响下一阶段的工作状态。所以该休息的时候，请抓紧放松紧绷的神经，喝杯咖啡、眺望远方、伸展身体都是很好的选择。另外，当连续完成 4 个番茄钟后，建议将休息时长提高到 15 分钟，以确保后续能有良好的工作状态。

四、方向不对，努力白费：做一个 SMART 的职场人

通过上一节介绍的方法，大家应该对怎样利用大脑的黄金时间，以高度专注的方式完成关键工作有了一定了解。接下来，我们将进一步探讨目标的重要性，避免因目标设定错误而导致工作白费的情况。

所谓关键工作，指的是对达成目标起到关键作用的工作。以足球比赛为例，如果某场比赛球队的目标是赢球，那么加强进攻和把握好临门一脚就是关键工作；如果某场比赛球队遭遇实力更强的对手，那么此时目标就变成尽量不输球，所以加强防守和避免丢球就成了新的关键工作。

由此可见，关键工作是随着目标而变化的。想要避免职场上的努力成为"瞎忙"，我们首先要确定一个清晰的目标。本节我们就来探讨，怎样才能让自己成为一个 SMART（聪明）的职场人，避免因方向不对而努力白费。

先瞄准,再发射:选定目标后再行动

在奥运会射击比赛中,选手先要瞄准自己的靶子,然后再调整呼吸,稳定姿势,设法击中靶心。如果上来就瞄错了靶子,那打得再准也没用。职场上同样如此,想要把工作干好,光靠努力是不够的,你需要先搞清楚努力的方向对不对。

管理学大师彼得·德鲁克在1954年出版的著作《管理的实践》中,首次提出了"目标管理"(Management by Objectives,MBO)这一概念。他强调,作为管理者,不能只顾低头拉车,而忘了抬头看路,因为这样容易导致工作偏离目标。1981年,乔治·杜兰在《管理评论》中发表论文,提出设定管理目标的五个原则,简称SMART原则,也称"聪明原则"。

SMART原则由五个英文单词的首字母组成,即:Specific(明确具体的)、Measurable(可衡量的)、Achievable(可实现的)、Relevant(相关的)、Time-bound(有时限的)。一个"好"的目标,必须同时符合这五个原则。

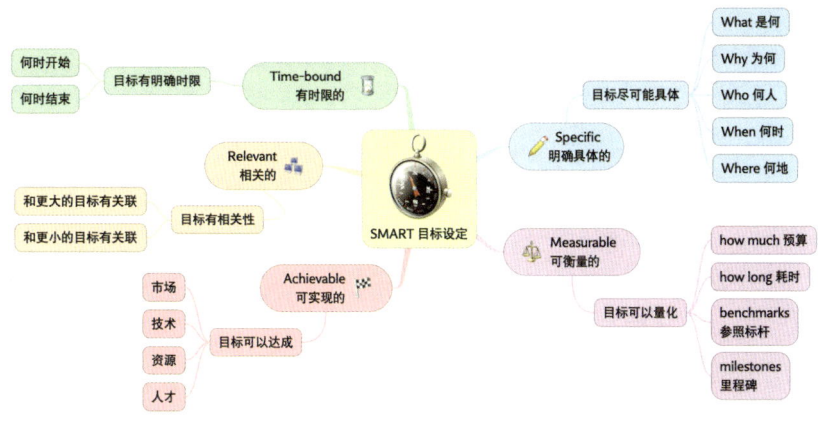

图1-14 基于SMART原则的目标设定思维导图

- 明确具体的(Specific,S):在描述目标时,应尽可能明确具体,避免模棱两可。可将"5W"元素融入其中,即:What

（是何，目标具体是什么？）、Why（为何，为什么要实现这个目标？）、Who（何人，与这个目标相关的人员有哪些？）、When（何时，希望在什么时候实现目标？）、Where（何地，希望在什么地方实现目标？）。

- **可衡量的（Measurable，M）**：正如彼得·德鲁克所说："无法衡量，就无法被管理。"在设定目标时，我们要尽可能将其设为可量化、可衡量、可验证的，否则后续将无法检验目标是否实现。可将 how much（多少预算）、how long（多长时间）、benchmarks（参照标杆）、milestones（里程碑）等元素融入其中，以提升目标的可衡量性。

- **可实现的（Achievable，A）**：目标可以具有一定的挑战性，但必须切合实际。即通过投入当前所有可用资源，经过合理规划并努力执行后能够实现。如果只是提出一个看似高大上，却无法实现的目标，那只会浪费时间和金钱。可从市场份额、市场需求、市场大环境、技术发展程度、资源、资金、人才储备等维度对目标的可行性进行分析，避免提出不切实际的目标。

- **相关的（Relevant，R）**：一个好的目标，还需要与其他目标有相关性，在大方向上保持一致。例如组织或个人的长期愿景、个人正在进行中的目标、其他部门的目标等。若发现目标和其他目标有冲突，那就需要谨慎考虑是否需要调整，否则就有可能造成不必要的内耗。可将当前目标与更大的公司战略方向、更小的个人或其他部门目标进行比较，避免因目标间的冲突导致努力白费。

- **有时限的（Time-bound，T）**：一个好的目标必须有明确的时限。这里并不是说目标必须在短时间内实现，而是所有目标都必须有一个明确的最后期限（deadline），这样自己才能有紧迫感和前进的动力。没有最后期限的目标，很有可能永远都不会实现。可评估你的目标里是否有明确的开始时间和结束时间。

例如，一个符合 SMART 原则的目标：为了助力销售团队完成 2024 年度 3 亿元的销售目标（为何）。2024 年 10 月 1 日前（最后期限），由市场部牵头各地运营团队协同（谁负责），分别在上海、北京、深圳三地（在哪里）策划并实施三场参与人数不低于 500 人的市场活动（衡量标准 1：场次、人数）。活动总预算控制在 100 万以下（衡量标准 2：预算），宣发规模对标上半年 X 活动（衡量标准 3：参照标杆）。

运用 SMART 原则来确定目标和努力方向，再开始行动，就能很好地降低因目标偏差而导致的"瞎忙"。结合思维导图，可以更好地将 SMART 的五个原则可视化地呈现在我们面前，帮助我们更好地思考和制定目标。

及时校准目标，避免刻舟求剑

没有目标容易"瞎忙"，那有了目标之后，就万事大吉了吗？很遗憾，并不能！刻舟求剑的故事，大家一定都听过。身处当前这种快速变化的时代，我们不仅需要设定好目标，还要定期复盘外部环境是否发生变化，以及目标是否还有意义，否则就容易重蹈"刻舟求剑"的覆辙。

无论当初设定的目标多么完美，在实际执行的过程中，总有可能遇到各种意料之外的变化和挑战。所以，及时校准目标就成了一项必不可少的工作。通过定期评估和调整目标，确保它们仍然符合实际情况和需求。

GOAL 目标回顾法，由四个英文单词的首字母组成，即：Goal（目标）、Observe（观察）、Analysis（分析）、Learn（总结），通过这四个维度思考是否需要对目标进行调整。

- 目标（Goal, G）：校准目标的第一步，是回顾此前设定的目标。在此过程中，除了如实描述目标外，还可以补充制定目标时的背景信息，例如初心、当时所拥有的资源状况、外部环境等。

图 1-15　GOAL 目标回顾法思维导图

- 观察（Observe，O）：校准目标的第二步，是客观地观察当前的环境，分析环境与当初制定目标时相比发生了哪些变化。这里应以事实、数据、案例等为重点进行观察，并记录下来，以供后续分析使用。
- 分析（Analysis，A）：校准目标的第三步，是对观察所得的信息进行深入分析，并尝试预测未来的发展趋势。
- 总结（Learn，L）：校准目标的第四步，是总结分析结果并形成最终结论。需要评估目标与当前环境是否仍然相符，判断是否需要调整。

以企业的年度培训计划为例，正常情况下会在上一年度制订好年度培训计划，各业务部门的培训需求及预算等也都会提前确定，次年就按这个计划执行。但是当遭遇外部环境发生剧变时，就需要对计划和目标进行重新评估。

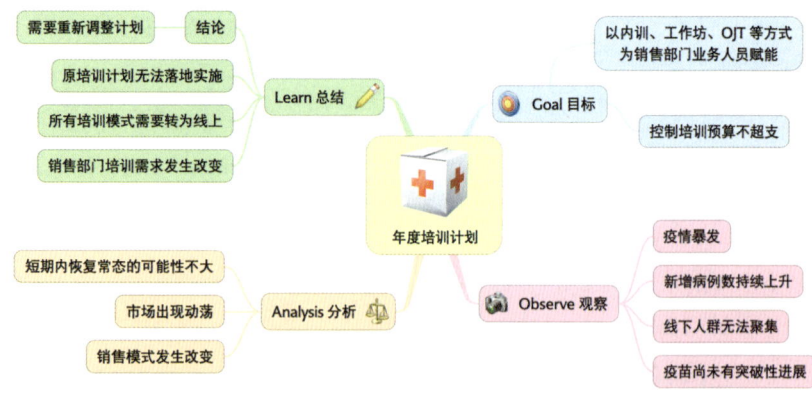

图 1-16　某企业通过 GOAL 目标回顾法分析目标

例如，通过观察发现，由于受到突如其来的疫情影响，人员无法聚集，所以之前的面授培训方案都无法实施。同时由于外部市场发生了剧变，业务部门的培训需求也跟着发生了变化。通过分析发现，新增病例数持续增加、特效药和疫苗的研发还没有取得突破，由此得出疫情还将持续一段时间，此前的目标必须进行相应调整。而调整的方式，还可以继续使用 SMART 原则。

五、高效达成目标的三大秘诀：以终为始、立足当下、小步快跑

通过前面几个小节介绍的方法，大家应该对如何快速梳理当天的工作任务，找出最有价值的关键工作，利用大脑的黄金时间来推进关键工作，设定符合 SMART 原则的目标并及时校准目标有了一定的了解。本节将继续补充几个时间管理和目标管理的工具方法，以帮助大家更好地达成目标，朝着自己的梦想前进。

1. 以终为始，明确目标

想清楚自己的梦想是什么，这是实现梦想的第一步。正如史蒂文·柯维博士在其著作《高效能人士的七个习惯》中提出的第二条习惯——"以终为始"（begin with the end in mind）所描述的那样，在开始做一件事情之前，你需要先好好思考一下，做这件事最终想要达成的目标是什么。把思考"终点、目标、结果"当作做这件事的"起始点"。

"以终为始"是一种非常好的逆向思维（我在本书第八章中将详细介绍）。它不仅在工作中能帮助我们避免匆忙开始一项工作，在生活中也能让我们做到"有的放矢"。这里给大家推荐一个非常有用的思维模型——WOOP 模型。该模型是著名心理学家、美国纽约大学及德国汉堡大学教授加布里埃尔·厄廷根的研究成果，它能很好地借助"脑补"，引导大脑先想象达成目标后的喜悦场景，激励我们去实现目

标,并把过程中可能遇到的最好和最坏情况都提前考虑到,帮助我们践行"以终为始"原则。

WOOP模型由四个英文单词的首字母组成,即Wish(愿望/目标)、Outcome(结果/产出)、Obstacle(障碍/困难)、Plan(计划)。如图1-17所示,用思维导图来呈现WOOP模型。

图1-17 WOOP模型

愿望/目标(Wish,W):

思考你的愿望、目标、梦想等,明确具体的终点和清晰的方向。

结果/产出(Outcome,O):

若达成了上述愿望、目标、梦想,会带来哪些积极的结果与产出?你将从中获取何种价值?此刻,不妨尽情畅想梦想成真后的喜悦,以"脑补"的方式激励自己朝着既定方向前行。

障碍/困难(Obstacle,O):

在尽情"脑补"成功的喜悦后,须平复心情,重新思考在实现目标的过程中有可能遭遇的障碍与困难有哪些。这些正是后续我们需要努力克服的。

计划(Plan,P):

在"脑补"了最好与最坏的情况后,找到一个折中的平衡点,制订并实施计划。

2. 立足当下,要事第一

若同时追两只兔子,你一只也抓不到。——俄罗斯谚语

同时处理多件事情,看似会提高工作效率,但事实上我们的大脑并不擅长"三心二意"。大家可能都有过类似的经验:当你在聚精会神做一件事的时候,如果被外界干扰,那么重新回到此前的工作状态,继续做这件事情的难度比你想象的要大得多。人类大脑在进化过程中,习惯于"一心一意",这样才能保持高度专注力。想要像电脑 CPU 那样同时处理多项任务,最终只会导致自己的大脑"宕机"。

所以,想要提升效率,就请遵循"**一次只做一件事情**"这一原则!

明确了我们要去的目的地之后,接下来我们需要考虑的是当下我们在什么地方,想要从当下位置前往目的地首先要做什么。正如史蒂文·柯维博士在其著作《高效能人士的七个习惯》中提出的第三条习惯——"**要事第一**"(Put First Things First),我们需要着眼当下,找到最重要的那件事,然后投入足够多的精力将其完成。

前文提到的"80/20 法则(帕累托法则)"已经向我们揭示了关键工作的重要性,遵循这一定律我们可以从多项工作中找出最关键的一项。比如,我们用思维导图梳理出了接下来共有 25 项待办工作,通过二八定律从 25 项工作中找出关键的 20%,得到 5 项关键待办工作。再次使用二八定律从这 5 项关键待办工作中找出关键的 20%,最终得到 1 项最关键的待办工作。

找出了最关键的工作之后,可以通过番茄工作法,在一段时间内,高度集中精力,专注地推进这项工作。

3. 小步快跑,及时校准

明确了目的地与当前位置后,我们便能规划路线了。然而,仅有路线并不能确保抵达终点,我们必须付诸实际行动。那么,怎样行动才能更快到达目的地呢？答案便是：**小步快跑，及时校准。**

先将一个大目标拆解为若干个里程碑，再把每个里程碑细化为若干个小目标。每次专注完成一个小目标，完成后及时检查是否偏离方向，若偏离则及时调整。之所以要专注于小目标，是因为很多时候我们设定的目标过大，投入大量精力却难以看到显著成果，很容易产生倦怠情绪，进而丧失完成目标的信心。

> 例如，某人打算减肥，一开始就将目标设定为一年内减重50斤，这显然极难实现。坚持一段时间后，发现体重下降不明显，便产生自我怀疑，最终陷入恶性循环，致使减肥失败。但如果把目标设定为一周内减重250克，只要连续几周达成目标，就会形成持续的正向激励，减肥计划也更有可能成功。

如图 1-18 所示，通向成功的阶梯模型能够帮助我们更好地实现梦想。梯子的底部代表我们当前所处的位置，梯子的顶端则是我们向往的地方，也就是我们的梦想、愿景、目标等。

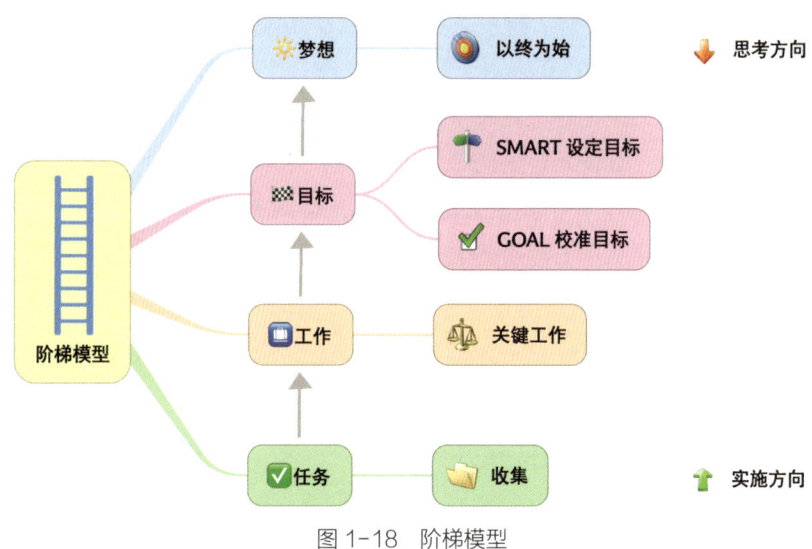

图 1-18　阶梯模型

- 当我们架设"梯子"时，思考方向应是自上而下的。也就是说，首先要做到以终为始，想清楚我们最终要抵达的彼岸。随后，合理设定每一级阶梯之间的距离，防止因跨度过大而无法攀登。
- 而当我们攀爬"梯子"时，行动方向是自下而上的。即先从最底层起步，向上攀登，每次只专注于当前位置的上方那一级，竭尽全力登上这一级后，再去思索下一步。

正所谓"**经常庆功，就能成功**"，如果我们把步子迈得足够小，每走完一步就给自己一个积极的心理暗示——"距离目标又近了一点"，让自己进入一种良性循环，这会非常有助于实现目标。相比之下，如果目标分解得不够细致，导致每一个小目标都很难实现的话，就容易让我们产生悲观和厌倦的不良情绪，长此以往很容易陷入恶性循环，最终无法实现目标。

六、合理"利用"拖延，减轻临近最后期限所引发的焦虑

说起拖延症，恐怕每个职场人都遭遇过类似的场景：一些重要但不紧急的工作被列入了待办清单。由于每天都会遇到更重要或更紧急的工作，导致这项工作迟迟没有进展。直到某一天，你突然发现离最后期限很近了，便陷入焦虑。在巨大的压力之下，你被迫进入熬夜加班模式，幸运的话可以赶在最后一刻完成，但完成质量往往不如预期。

如果不想重蹈上述覆辙，我们需要做出一些改变。不再想着如何战胜拖延症，而是合理利用拖延症，以减轻临近最后期限所引发的焦虑。

并非所有的拖延都是糟糕的

我们真正要摆脱的是由拖延和焦虑所导致的恶性循环。例如，公司安排你接手一项艰巨的研发任务，如果成功，将会给公司创造非常

高的价值；如果失败，则有可能被竞争对手赶超。刚开始时，由于离最后期限还很远，你可能会想，如此重要的任务，一定要计划周全再开始行动，不知不觉就开始拖延了。然而随着时间的推移，最后期限临近的压力让你开始陷入焦虑，此时如果继续拖延，就会让焦虑倍增，最终导致无法完成任务。

所谓刻意拖延指的是：我们知道现在并不是行动的最佳时机，而有意拖延。

心理学家蔡格尼克发现：当目标没有实现时，人对未完成工作的记忆更为深刻；而当目标实现后，人对已完成工作的记忆就没那么深刻了。这一现象被称为"蔡格尼克效应"。

> 例如，大家平时用手机短信验证码登录 App，在登录成功前，你会牢记验证码，而一旦登录成功，大脑很快就会忘记验证码。

当一项必须完成的工作摆在我们面前时，我们会处于紧张焦虑的状态；而随着工作的完成，这种紧张和焦虑会随之消失，相关工作内容也会渐渐被淡忘。如果正在做的工作中途停下来，或者处于未完成状态，我们的紧张状态会一直持续。这份紧张感使我们对未完成的工作印象异常深刻。

不管工作有多难，先跨出第一步！哪怕只做 15 分钟。因为只要你开了个头，蔡格尼克效应便会促使大脑自动运转起来。随着你大脑中的"网状皮层"被激活，你在潜意识中已经开始主动留意和收集各种相关信息了。等你抽出时间再继续做这件事的时候会发现，你已经有了很多灵感。

为"拖延"预留出足够的空间

拖延造成的焦虑，源自最后期限的临近。想要减少这种焦虑，我们需要提前预留出足够的"缓冲"空间。

通过思维导图来规划每周、每月、每季度、每半年和每年的工作,是个很好的选择。它不仅可以让我们在更广的时间维度上安排工作,还可以将每项工作的细节清晰地呈现出来,从而方便我们为重要的工作预留出足够的空间。

如图 1-19 所示,我们可以在周末抽出一些时间来规划后续一周的工作。相比每日工作规划,每周工作规划更关注重点工作。通过将下一周的核心工作记录在思维导图上,能够高效地提醒我们别忘了这些重要的工作。同时,从回顾上周开始思考,也可以帮助我们更好地回忆前一周的核心工作成果、工作推进情况以及经验教训等,让下周工作规划的制定过程更有依据。

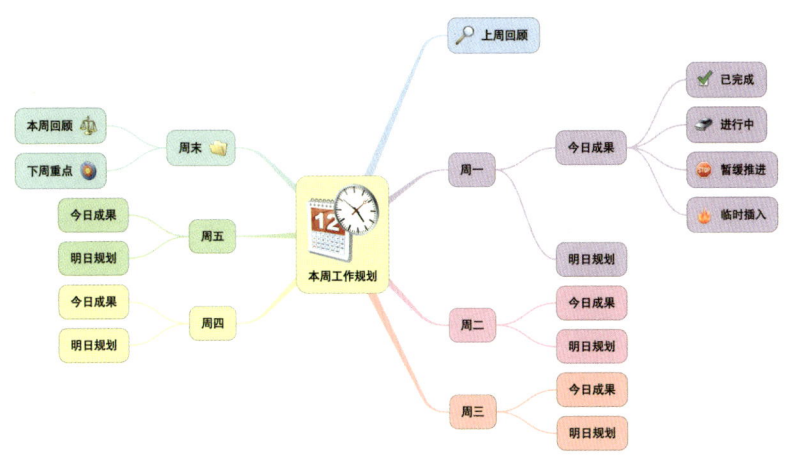

图 1-19 每周工作规划思维导图

随着下周实际工作的推进,我们需要及时将每天的工作成果记录在每周工作规划思维导图上,这就相当于同时为每周的工作总结做准备。到了周末,过去一周的所有工作情况都被详尽地记录在思维导图上,方便我们快速将每周工作规划转变为每周工作总结,可谓"一图两用"。

如图 1-20 所示,我们可以在月末抽出一些时间来规划后续一个月的工作。相比每日、每周的工作规划,月度工作规划更关注目标的设定及其实际达成情况。

图 1-20 月度工作规划思维导图

以目标作为月度工作规划的起点,借助此前介绍的 SMART 目标设定原则来确定下个月的目标,避免因目标设定不当而导致工作规划方向出现偏差。明确了月度目标之后,接下来每一周的工作目标便有了依据。通过将月度目标合理分配到每一周,可以得出每一周的核心工作。随着工作的推进,需要及时对每周目标进行复盘,并依据复盘结果调整后续每周的目标和对应的关键工作。

如图 1-21 所示,我们可以在季度末抽出一些时间,规划下季度的工作。相比每日、每周、每月的工作规划,季度工作规划则站在更高的维度,关注目标与实际达成情况,并以此规划和调整相关工作。

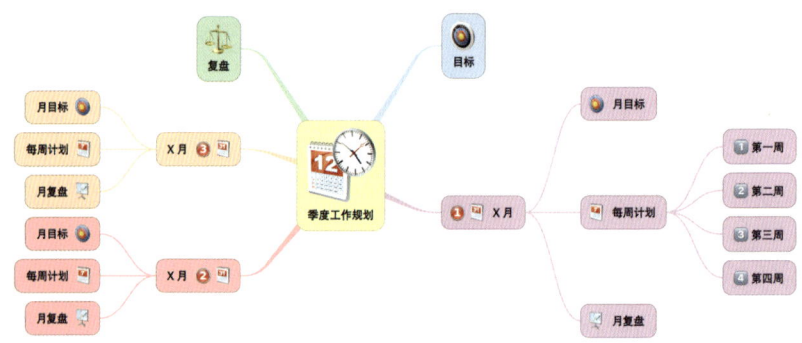

图 1-21 季度工作规划思维导图

通过以上几张思维导图,可以有效地将目标与关键工作关联起来,并为每项关键工作预留足够的缓冲空间,避免因临近最后期限而产生巨大压力。

本章总结

1. 想要在职场中高效完成工作，需要解决两个问题：（1）做正确的事（Do the right things）；（2）正确地做事（Do things right）。
2. 用思维导图将待办工作从大脑中"搬出来"，以可视化的方式呈现，从而减少焦虑。
3. 每项工作的价值不同，需要遵循 80/20 法则，从中找到价值最大的工作，并投入足够的时间和专注力将其完成。
4. 大脑的"黄金时间"很宝贵，把需要高度专注的事情放在高价值时间段内完成。
5. 先瞄准，再发射，搞清楚最终的目标是什么，然后再着手工作。此外，还需要定期复盘目标是否发生变化并及时校准。
6. 以终为始、立足当下、小步快跑，是实现目标的三大秘诀。
7. 合理利用"拖延"，即使是艰难的工作也可以先开一个头，利用蔡格尼克效应让大脑对未完成的工作保持高度敏感。通过绘制每周、月度、季度工作规划思维导图，有效预留出足够的缓冲空间，以减轻最后期限临近所带来的巨大压力。

自测详解

1. 你是公司客服部门的主管，刚刚接到了一个用户投诉。投诉的内容是某位 400 热线的接线员没有很好地帮助用户解决问题，并且对相关产品知识很不熟悉。初步了解了情况后，你发现接线员是新入职员工，用户所投诉的产品也是刚刚上市不久的新产品，相关的产品培训材料还有所缺失。那么接下来你准备怎么办？

A. 立即寻找对这个产品熟悉的同事，主动联系用户解答问题，并提供相应的补偿方案。（错！治标不治本。这样虽然可以快速解决用户的问题，但是并没有从根本上搞清楚问题产生的真正原因。如果没有找到根本原因，类似的问题很有可能反复重现。）

B. 分析当前新产品上市前相关培训的标准作业流程（SOP），考虑是否有优化改进的空间。（没错，但还可以更好！解决新产品上市培训的SOP问题，从重要性和紧急性上来说可能没有选项A高，但是从持续性上来说，所产生的深远意义将远远超过选项A的方案。）

C. 分析当前新员工入职后相关培训的标准作业流程（SOP），考虑是否有优化改进的空间。[正确！新产品培训确实能解决一部分问题，但是对新员工入职后相关培训SOP的优化，能综合提升新员工的ASK（Attitude，态度；Skill，技能；Knowledge，知识），产生的意义和影响更大。所以选项C是更好的选择。]

2》你是某个项目组的负责人，在查看项目组成员提交的工作计划时，发现有位同事列出的下周重点任务多达十几项，这显然超出了实际可行的范围。接下来你准备怎么做？

A. 对其计划进行优先级判定，重新排序后删除你认为并非重点的任务，并要求其按照你的方案执行。（错！作为项目负责人，你的时间比其他人的时间更宝贵。如果每个项目组成员的工作都由你来排定的话，你的工作量会非常大，也不利于其他人的发展。）

B. 与其当面沟通，询问其为何如此安排工作计划，是否有信心完成。（错！当面沟通不仅耗时，而且这位同事可能碍于面子，给出错误的估计，例如过分自信地表示肯定可以完成，但最终无法兑现。）

C. 与其电话沟通，不如让其重新对任务排序，找出最重要的一项任务，下周重点执行并完成此项任务。（正确！电话沟通比当面沟通效率更高，让同事重新思考，也可以减少由你来指定工作所导致的内心不认同感。同时要求其找出最重要的一项任务，符合"要事第一"原则，更有利于同事专注核心工作，最终达成目标。）

第二章

先思后行，
精准施策

用思维导图高效
分析解决问题

自测问题

1» 你是某软件项目的负责人，1.0 版本上线后的市场反响未达到预期。为了找出问题所在，你召集项目组核心成员开会讨论。以下哪些做法，有助于更好地找出问题的原因？

A. 要求参会者回顾 1.0 版本的目标，找出现状和预期目标之间的偏差。
B. 要求参会者基于 6W3H 框架，全面描述发现的问题。
C. 要求参会者对发现的问题，至少追问五次为什么。
D. 要求参会者充分发挥创意，以头脑风暴的方式讨论解决方案。

2» 为了获得创意灵感，团队将定期举行头脑风暴会议。你认为以下哪些方式，可以提升头脑风暴的效果？

A. 邀请专家、权威人士、领导一起参加头脑风暴，并请他们先发言。
B. 邀请其他部门的同事一起参加。
C. 设定头脑风暴的阶段，每个阶段规定好时间，结束后统计每个阶段创意的数量。
D. 有人发言时，其他人不许评价。
E. 使用便利贴，先将创意记录在便利贴上，随后统一贴到白板上。

本章导读
解决问题的能力，决定了你在职场上能走多远

在职场上，工作的本质就是解决层出不穷的问题。因此，从某种程度上来说，一个人的薪资水平，取决于他解决问题的能力。善于解决工作中难题的人，往往薪酬更高。反之，不善于解决问题的人，很容易沦为别人眼中的"问题"。

想要提升解决问题的能力，核心在于做正确的事（Do the right

things）和正确地做事（Do things right）。

做正确的事（问题分析）：我们所要解决的，是否为真正的问题？倘若一开始在战略层面就选错了方向，那后续的各种努力或许都是无用功。所以，在真正动手之前，一定要"想清楚"。只有通过"问题分析"明确真正要解决的问题是什么，才能确保所有努力都朝着正确的目标前行。

正确地做事（问题解决）：明确了真正要解决的问题之后，再从战术层面选择正确的路径与方法，专注于高效执行。

如图 2-1 所示，我们将围绕这六大步骤讨论如何高效地分析并解决问题：

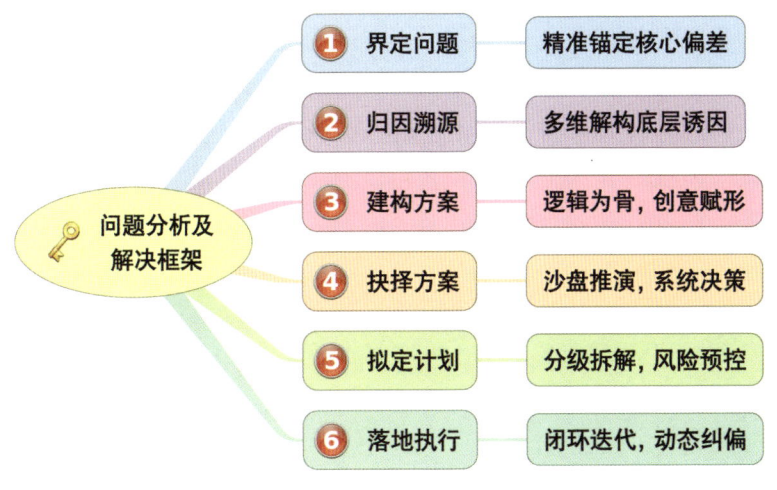

图 2-1　问题分析及解决框架

1）界定问题：精准锚定核心偏差（明确要解决的根本问题是什么）；

2）归因溯源：多维解构底层诱因（分析导致问题产生的多重因素）；

3）建构方案：逻辑为骨，创意赋形（左右脑协同构思潜在解决方案）；

4）抉择方案：沙盘推演，系统决策（基于资源状况与目标确定方案）；

5）拟定计划：分级拆解，风险预控（缜密制订计划并提前预控风险）；

6）落地执行：闭环迭代，动态纠偏（依照计划实施并及时调整优化）。

阅读完本章后，你将了解：

- 怎样将问题界定清楚，避免方向性错误；
- 怎样全面深入地分析造成问题的原因，并设法找出根因；
- 怎样做到左右脑并用，既遵循逻辑又不乏创意地寻找问题的解决方案；
- 怎样综合评估、高效决策，确定最合适的问题解决方案；
- 怎样细致缜密地制订计划，明确分工以应对各类执行中的风险；
- 怎样及时跟踪问题解决的进度并校准目标。

一、界定问题：精准锚定核心偏差

好的开始是成功的一半。解决问题的第一步，就是明确界定我们要解决什么问题。

1. 问题的定义

如图 2-2 所示，所谓"问题"（Problem）指的是现状与预期之间的偏差。为了解决问题，我们需要将其明确定义为一个或多个具体的"课题"（Question），并设法找出其"答案"（Answer）。

需要注意的是，仅仅发现并分析问题，并不意味着真正将其解决。就好比医生检查后，确诊了你患上了某种疾病，但如果不对症下药，病情不会缓解。在职场中，我们的核心任务是找到问题，设定正确的课题，找到相应的答案（解决方案），并通过执行将其彻底解决。

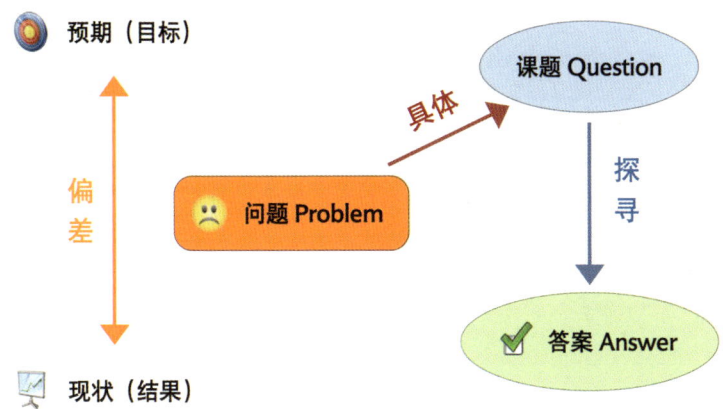

图 2-2　问题的定义

2. 三种常见问题类型

如图 2-3 所示，职场上常见的问题类型有三种：**恢复常态型、追求目标型、防范风险型**。其中，恢复常态型问题属于**应对现状**，即问题已经发生；而追求目标型和防范风险型问题，则属于**面向未来**，即问题尚未发生。

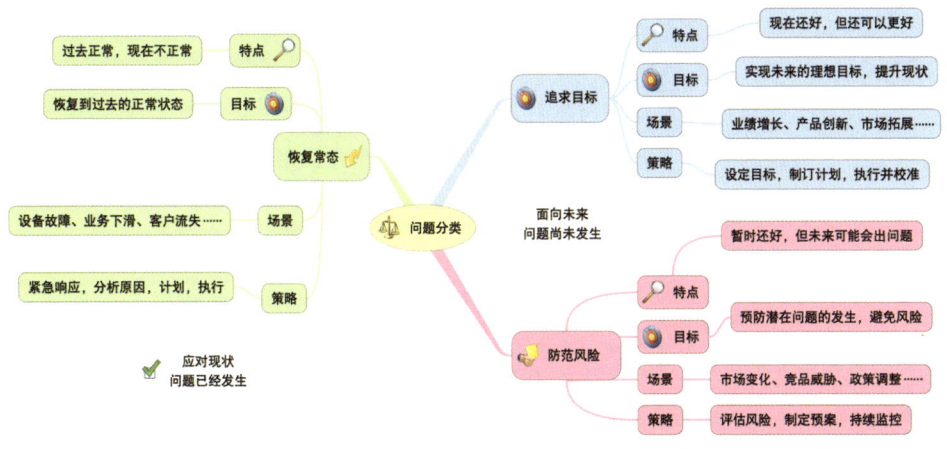

图 2-3　职场上常见的三类问题

类型	恢复常态型问题（Fix-it Problems）	追求目标型问题（Growth Problems）	防范风险型问题（Preventive Problems）
描述	现状偏离正常状态，须修复/纠正以恢复原有水平	现状与未来理想目标存在差距，须创新/改进以实现目标	须预防潜在风险，前瞻性构建防御体系
特点	过去正常→现在异常	当前尚可→有提升空间	当前稳定→未来可能出现问题
目标	回归历史正常状态	实现未来理想目标	预防不良状态出现
场景	设备故障、业务下滑、客户流失	业务拓展、产品创新、市占率提升	市场变化、竞品威胁、政策调整
应对策略	1. 紧急响应 2. 明确问题定义 3. 根因分析 4. 制订恢复计划 5. 执行恢复行动	1. SMART 目标分解 2. 制订详细行动计划 3. 动态执行与调整	1. 风险识别 2. 风险评估（可能性/影响） 3. 采取预防措施 4. 持续监控机制
措施	修复性措施（如设备维修、流程修正）	建设性措施（如研发创新、流程优化）	防御性措施（如备份方案、应急预案）

问题类型之间的演变

- 若防范风险型问题未及时处理，可能升级为恢复常态型问题。如：未预判竞品风险，导致市场份额下降，须恢复至原份额。
- 处理恢复常态型问题时，可能发现增长机会，从而使之演变为追求目标型问题。如：处理客户投诉时，发现产品优化需求，进而改进产品功能。
- 解决追求目标型问题时，须注意监控风险。如：新产品研发过程中，过大投入可能带来现金流压力，须及时应对以避免项目风险。

其他问题分类方式

如图 2-4 所示，除了上述三种分类方式，还可以基于问题的性质、紧急程度、影响范围、复杂程度以及来源等多个维度，对具体问题进行分类。

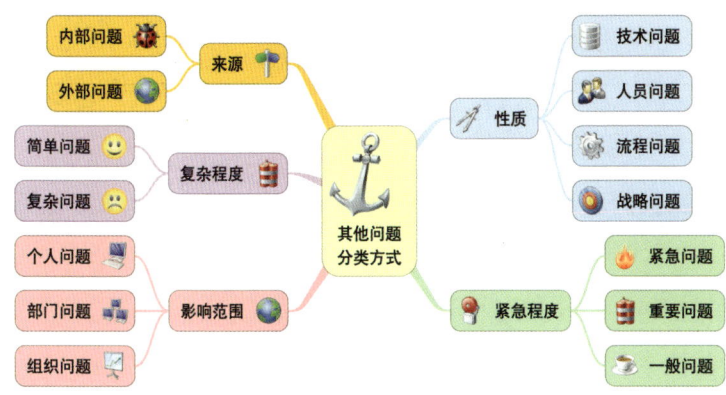

图 2-4 其他问题分类方式

分类维度	问题类别	详细说明
按问题性质分类	技术问题	涉及技术系统、工具或流程等方面的难题
	人员问题	关于团队成员、员工关系或人力资源方面的问题
	流程问题	关于业务流程、操作流程或管理流程的问题
	战略问题	关乎组织中长期目标、发展方向或战略规划的问题
按问题紧急程度分类	紧急问题	须即刻着手解决的、对业务产生直接影响的问题
	重要问题	对组织长期目标具有重大影响的问题
	一般问题	对业务影响有限、可依照常规流程处理的问题
按问题影响范围分类	个人问题	影响单个员工或小团队的问题
	部门问题	影响一个部门或多个部门的问题
	组织问题	影响整个组织的问题
按问题复杂程度分类	简单问题	问题明确，解决方案直接
	复杂问题	问题复杂，涉及多个方面，需要系统性分析

（续）

分类维度	问题类别	详细说明
按问题来源分类	内部问题	由组织内部因素引起的问题
	外部问题	由组织外部因素引起的问题

3. 怎样高效界定问题

前文提到，问题就是现状与预期之间的偏差。为了更好地将其描述清楚，我们可以采用以下工具：

1）用As is / To be（现状预期对比），直观呈现偏差

如图 2-5 所示，将预期的理想情况（To be）与现在的实际情况（As is）的偏差，进行可视化的呈现，帮助我们思考如何消除偏差。

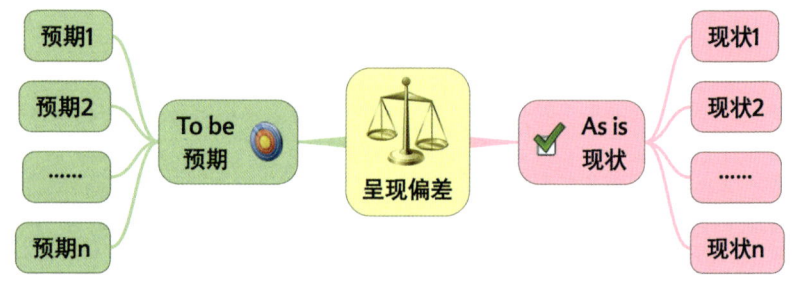

图 2-5　As is / To be

例如，某企业使用 As is/ To be 来呈现偏差：

- 预期：A 地区半年度营收 3000 万；
- 现状：A 地区半年度营收 2200 万；
- 问题：A 地区半年度营收缺口 800 万；
- 课题：如何在下半年补上这 800 万的营收缺口？

2）用6W3H框架，全面描述问题

如图 2-6 所示，6W3H 框架可以帮助我们全面描述问题的各个方面，从而更好地掌握信息。

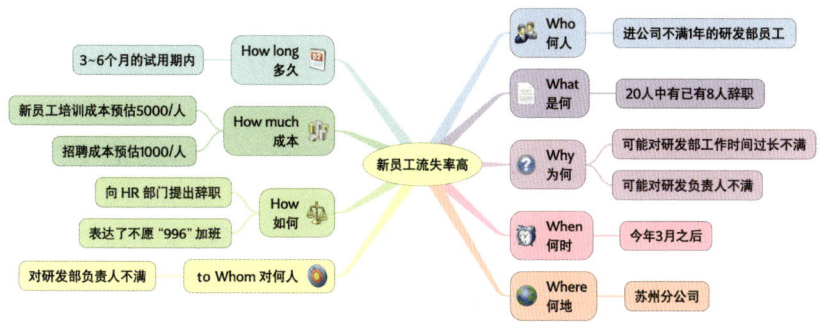

图 2-6 用 6W3H 框架分析新员工流失率高的问题

- 何人（Who）：初步判断是谁的问题；
- 是何（What）：问题的具体表现；
- 为何（Why）：初步假设的问题原因；
- 何时（When）：什么时候发生的问题、问题发生的时间规律等；
- 何地（Where）：问题发生的场景、地点等；
- 对何人（to Whom）：问题可能影响的对象，如客户、用户、管理层等；
- 如何（How）：当前的问题应对方式；
- 成本（How much）：问题的可量化影响，如损失、预估解决成本等；
- 多久（How long）：预估问题的影响时长。

3）用逻辑树，全面拆解问题

逻辑树是问题分析中常用的工具之一。其特点是通过树状结构将问题拆解完再思考，将一个复杂问题逐步拆解为多个子问题，直到问题的各个部分足够简单。这可以帮助我们全面厘清整体与部分之间的关系。

绘制逻辑树时，将需要解决的问题写在逻辑树的第一层级，然后向下分解至第二层级、第三层级以及更深层级。如图 2-7 所示，逻辑树自左向右进行逻辑分解（Breakdown），越往右，问题被分解得越细致。而从右向左则为归纳总结（Summarize）。要注意的是，各层级上的内容应尽可能保持在同一水平（避免过细或过粗）。

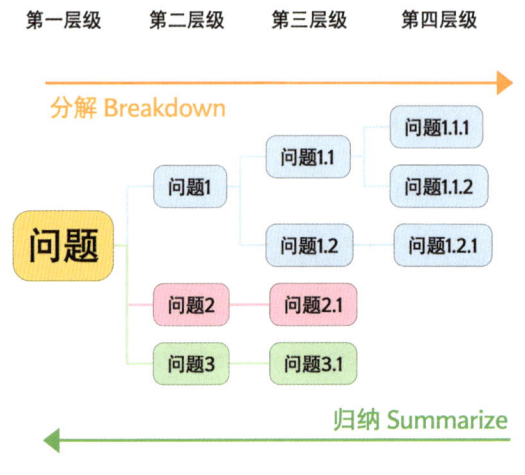

图 2-7　用逻辑树拆解问题

逻辑树大致可以分为三种：对整体的构成要素进行分解和整理的 What 树，用于找出问题原因的 Why 树，以及寻找解决办法的 How 树。

如图 2-8 所示，用逻辑树（What 树）拆解 2025 年全年销售目标：

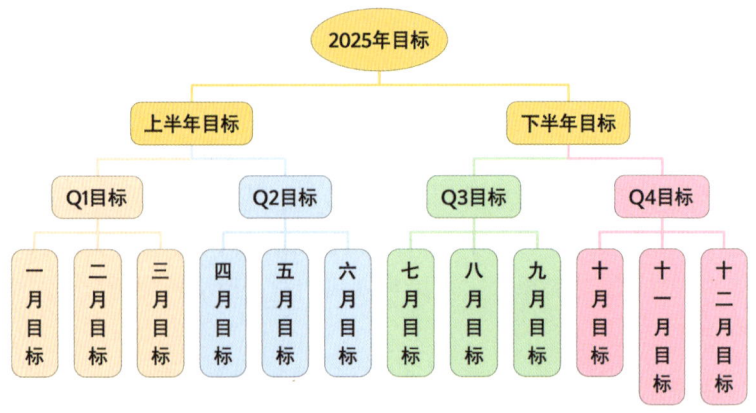

图 2-8　用逻辑树（What 树）拆解全年销售目标

如图 2-9 所示，用逻辑树（Why 树）分析为什么总是加班：

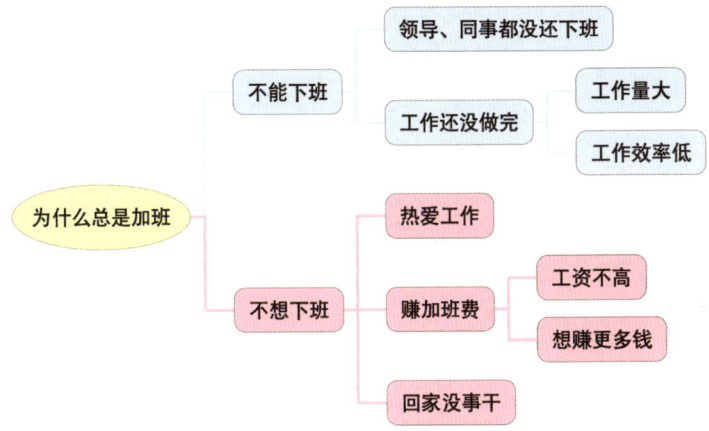

图 2-9　用逻辑树（Why 树）分析为什么总是加班

如图 2-10 所示，用逻辑树（How 树）来分析公司营收构成：

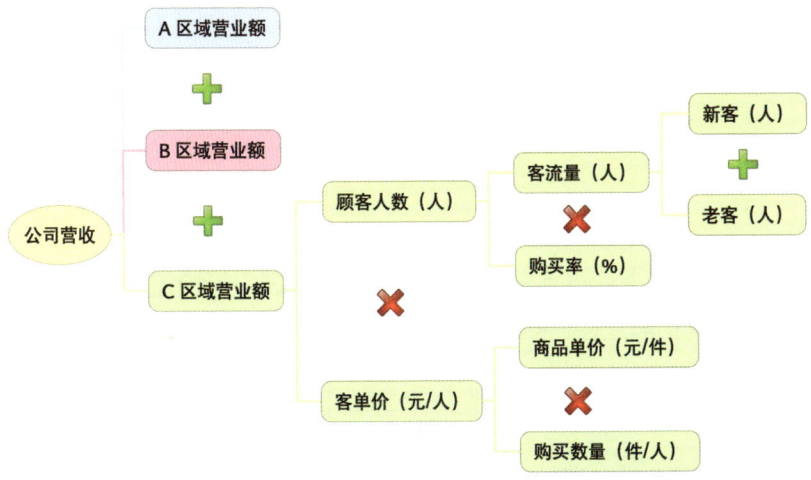

图 2-10　用逻辑树（How 树）分析公司营收构成

4）用决策矩阵，科学排定问题优先级

当我们面临的问题比较多时，需要对优先级进行排序。如图 2-11 所示，可以从是否可控和是否重要两个维度构建二维矩阵，通过矩阵来对问题进行排序。具体而言可控是指：通过自己的努力就能解决的问题；不可控则是指：自己再努力也无法解决的问题。通过将两者分开思考，避免将太多精力花费在不可控的问题上。

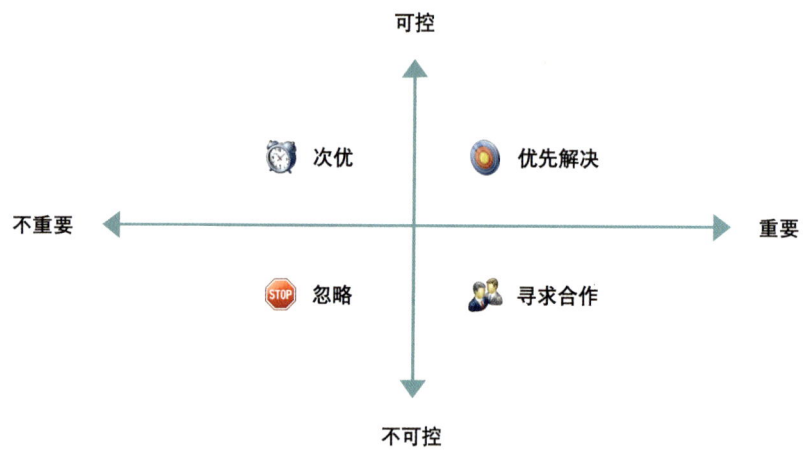

图 2-11 用决策矩阵来排定优先级

- 可控且重要：优先解决；
- 可控但不重要：次优先解决；
- 不可控但重要：寻求外部合作来解决；
- 不可控也不重要：暂时忽略这类问题。

当出现多个可控且重要的问题时，可以进一步增加排序的维度，如增加问题的**紧迫性**、**影响范围**、**持续性**等形成决策矩阵。

	可控性	重要性	紧迫性	影响范围	持续性	合计
维度权重	x2.0	x2.0	x1.0	x1.5	x1.0	
问题 1	1	3	2	3	1	15.5
问题 2	2	2	1	2	2	14
问题 3	1	2	3	3	2	15.5

如上表所示，围绕可控性、重要性、紧迫性、影响范围和持续性这五个维度，分别赋予相应的权重后，进行打分（如 1~3 分：1 代表低，3 代表高），将分数乘以权重后得出最终结果。

5）用课题设定表，将问题转化为课题

使用课题设定表对问题加以整理，并设定接下来应该执行课题的框架。

课题设定表	
要解决的问题	现状与预期的偏差（注意：一张表只能写一个问题）
应设定的课题	为了解决问题（消除偏差）应采取的具体措施

本节回顾：

- 高效分析和解决问题的第一步，是界定清楚我们到底要解决什么问题。
- 问题的定义：现状和预期之间的偏差。
- 课题的定义：为了解决问题而需要采取的措施。
- 职场上三种常见的问题类型：恢复常态型、追求目标型、防范风险型。
- 高效界定问题的工具：As is / To be（现状预期对比）、6W3H 框架、逻辑树、决策矩阵、课题设定表等。

二、归因溯源：多维解构底层诱因

明确了我们所要解决的问题之后，接下来就可以开始分析导致问题产生的原因了。通常问题由多个诱因组成，但根因只有一个，找到根因对于我们解决问题会有巨大的帮助。

1. 分析原因的底层逻辑

分析原因的底层逻辑是咨询界最常用的 MECE 原则，其定义与核

心价值如下：

MECE（Mutually Exclusive, Collectively Exhaustive）即"相互独立，完全穷尽"，是麦肯锡咨询公司提出的解决问题的核心方法论。其本质是通过无重叠、无遗漏的分类方式，将复杂问题拆解为可管理的模块，确保分析过程既系统又高效。

- **相互独立（Mutually Exclusive）**：各分类之间界限清晰，不存在交叉或重复。
- **完全穷尽（Collectively Exhaustive）**：所有可能的类别均被涵盖，无遗漏。

如图 2-12 所示，左上角符合 MECE 原则，即"不重不漏"。而其他三个则都有所重叠或遗漏。分析原因时，如果出现遗漏，则可能在对问题掌握不够全面的状态下做出决定，出错的概率便会增加。如果出现重复，则可能会把时间和金钱浪费在不必要的地方，导致成本增加。

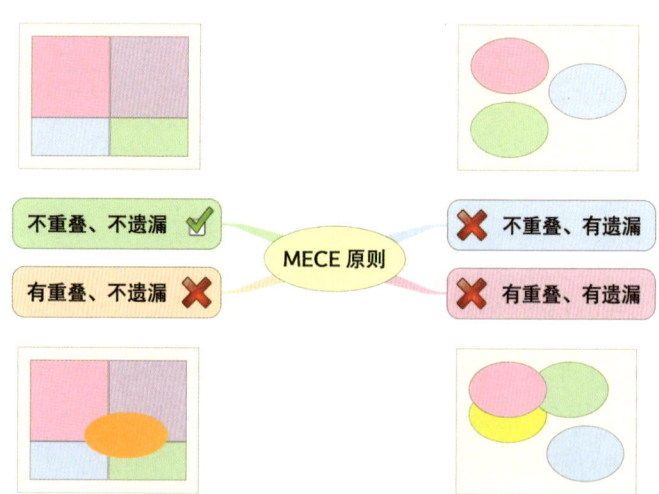

图 2-12　图解 MECE 原则

基于 MECE 原则分解问题时，主要有以下四种方式：

- **要素分解**：将分解后的要素全部相加就能组成整体的分解方法，比如按照年龄段进行分解。
- **时间分解**：以时间顺序为要素进行分解的方法，比如对产品从生产到销售的流程进行分解。
- **概念分解**：将对象按照"内与外""质与量"等概念进行分解。
- **因数分解**：将销售额分解为"客单价 × 顾客数 × 购买频率"的方法。

使用 MECE 原则的关键在于根据分析的目的选择最合适的分解方法。专业的咨询顾问通常更关注分析是否有遗漏，而对是否重叠则相对宽容。这样做的理由是，虽然重叠可能会增加一些成本，但相较于遗漏而言，重叠带来的坏处更少。

2. 怎样寻找根本原因

正如帕累托法则所强调的那样，"凡事并非同等，有的事情会更加重要，而且重要得多"。通过 MECE 原则对各种可能导致问题的原因进行分析之后，我们需要进一步思考来找到根本原因。

常用的根因分析法包括：5Why 分析法和鱼骨图。

1）5Why分析法（又称五问法）：

这是一种通过连续追问"为什么"来逐层深入分析问题根本原因的方法。其核心逻辑在于："从表象出发，沿因果链条挖掘底层原因，直至找到可根治问题的真实根因"。在实践中，未必严格限定"5 次提问"，关键是持续追问到能制定有效措施的点。

核心步骤：

- 明确问题：清晰描述发生的具体问题。
- 第 1 次 Why：直接提问"为什么问题会发生？"得到第一个直接原因。
- 继续追问多次 Why：针对前一个答案继续追问"为什么"，逐层深入。
- 验证逻辑链：确保每个"为什么"与答案之间的因果关系成立，避免主观假设。
- 制定对策：针对根本原因设计解决方案，防止问题复发。

案例：华盛顿纪念馆腐蚀

问题表象：

华盛顿纪念馆因年久失修，表面出现腐蚀现象，特别是东面墙体，比其他几面墙受损更为严重。最初大家认为是酸雨侵蚀导致墙体开裂，但通过进一步研究发现，根本原因并非是酸雨，而是清洗过程中使用的清洁剂对建筑物有腐蚀作用。

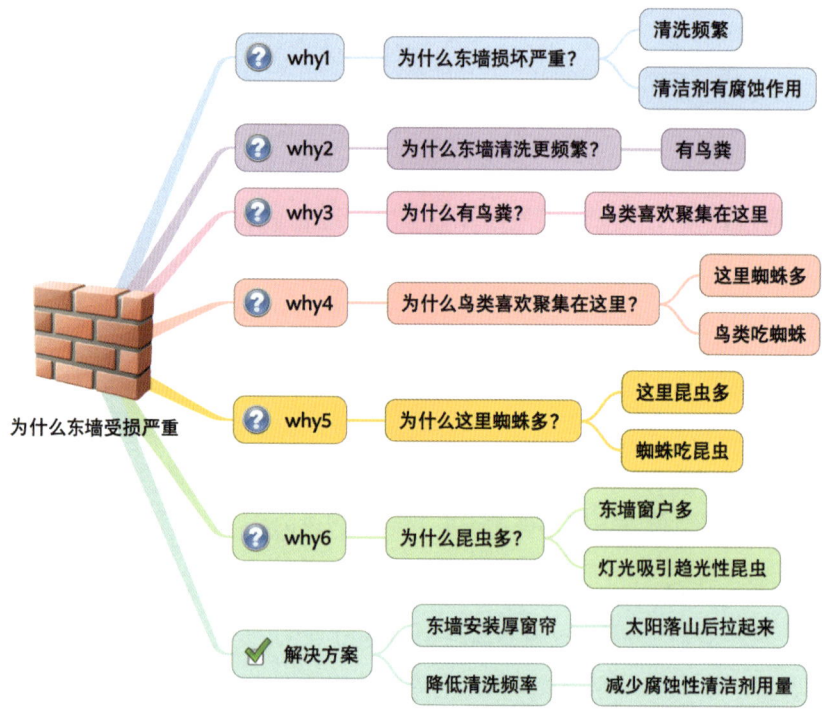

图 2-13　5Why 法探寻问题根因

追问过程：

Why1：为何东面的墙相较其他几面墙受损更为严重？

东面的墙清洗频次更高，且所使用的清洁剂具有腐蚀性。

Why2：为何东面的墙相较其他几面墙清洗频次更高？

东面的墙更为脏污，有更多的鸟粪。

Why3：为何东面的墙上有许多鸟粪？

鸟类倾向于在此聚集。

Why4：为何鸟类喜欢在此聚集？

建筑物上有它们喜爱的食物，如蜘蛛等昆虫。

Why5：为何东面墙上有如此多的蜘蛛等昆虫？

墙上有大量飞虫，而蜘蛛以飞虫为食。

Why6：为何东面墙上的飞虫繁殖速度如此之快？

东面墙的窗户数量较多，晚上有灯光照射，而飞虫具有趋光性。

解决方案：

基于上述分析，纪念馆实施了以下措施：

- 在东面墙的数扇窗户上安装遮光性能强的厚窗帘，并在每天太阳落山前拉上窗帘，以避免晚上虫子聚集。
- 不再频繁清洗墙壁，从而减少清洁剂的使用。

实施效果：

清洗频次降低 75%：通过减少清洗次数以及安装窗帘，清洗频次降低了 75%。

维护成本节省 52%：整体维护成本显著降低，节省了 52% 的费用。

通过 5Why 分析法，华盛顿纪念馆成功找到了问题产生的根本原因，并采取了有效的改进措施，避免了高昂的维修费用，保护了建筑物的完整性。

2）鱼骨图（又称石川图/因果图）：

这是一种图形化分析工具，由日本管理学家石川馨提出，用于系统化识别问题产生的根本原因。其形状类似鱼骨架，鱼头表示核心问题或结果，主骨连接鱼头与鱼尾，分支骨（大骨、中骨、小骨）代表不同层级的因果因素。

核心结构：

鱼头：问题或目标。

主骨：连接问题的主干线。

大骨：主要因素类别，常用"4M1E"分类（人、机、料、法、环）。

中骨/小骨：细化至具体原因的子类别。

分类：

- **原因型（鱼头在右）**：分析问题成因。
- **对策型（鱼头在左）**：制定解决方案。

如图 2-14 所示，目前主流的思维导图软件都支持鱼骨图，即使不支持也可以直接用思维导图来进行相应的分析。

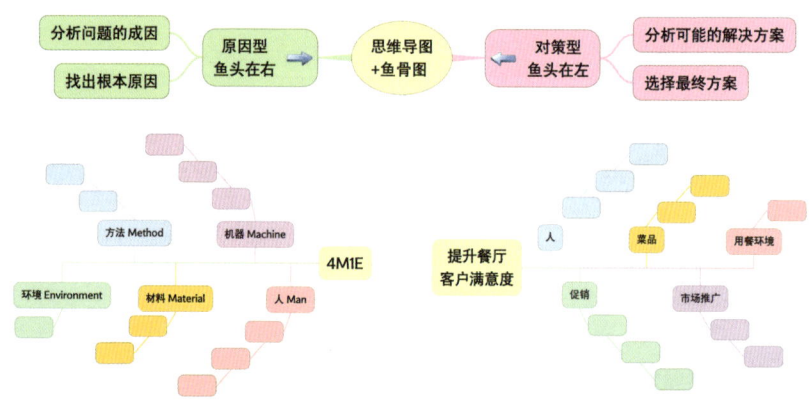

图 2-14　鱼骨图和思维导图

3.常用的分析框架

分析就是将复杂的事物拆解成许多小的部分,厘清其结构和彼此之间的关联。进行分析时,我们需要具备类似地图 App 的"缩放"能力,即自由放大与缩小来检视问题的整体和局部,获取每个部分的详细信息。

在实际工作中,构建完全符合 MECE 原则的分析框架是非常困难的,通常更好的方法是选择久经考验的常用分析框架。这些框架基本上都符合 MECE 原则,本节将介绍以下框架。

1)PEST 分析

PEST 分析通常用于剖析影响个人或企业的"宏观大环境因素"。如图 2-15 所示,PEST 具体指:

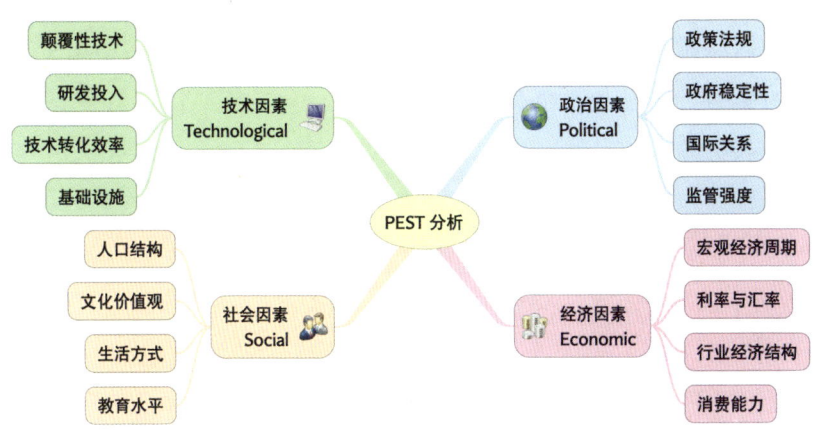

图 2-15 PEST 分析思维导图

- 政治因素(Political,P):涵盖政策法规、政府稳定性、国际关系以及监管强度等方面;
- 经济因素(Economic,E):涉及宏观经济周期、利率与汇率、行业经济结构以及消费能力等要素;
- 社会因素(Social,S):包含人口结构、文化价值观、生活方式以及教育水平等内容;

- 技术因素（Technological, T）：关注颠覆性技术、研发投入、技术转化效率以及基础设施等领域。

值得注意的是，若仅仅对各因素进行简单的罗列，将难以获得新的洞见。我们需要进一步深入思考：

- P：政治因素的变化会对个人、企业、行业产生哪些影响？
- E：短期和长期的经济变化会给个人、企业、行业带来哪些影响？
- S：社会及文化的变迁会对个人、企业、行业造成哪些影响？
- T：技术的创新发展将对个人、企业、行业带来哪些影响？

2）SWOT 分析

SWOT 分析是用于剖析个人或企业的"内部能力与外部环境"匹配度的经典框架，通过四个维度的交叉分析生成可落地的战略选项。如图 2-16 所示，SWOT 包括：

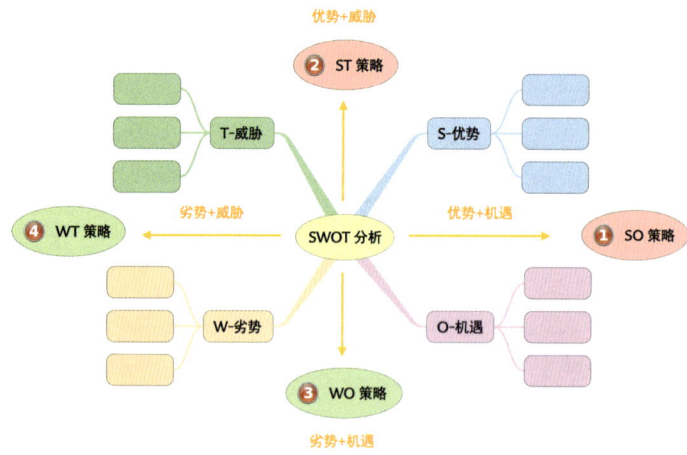

图 2-16　SWOT 分析思维导图

- 优势（Strengths, S）：市场占有率、运营效率、品牌价值、组织能力等因素；

- 劣势（Weaknesses, W）：技术短板、成本劣势、财务短板、人才缺口等因素；
- 机遇（Opportunities, O）：市场变化、政策红利、技术革新、消费趋势等因素；
- 威胁（Threats, T）：竞争加剧、新产品替代风险、监管风险、供应链风险等因素。

交叉SWOT分析	S 优势	W 劣势
O 机遇	1. SO策略 充分发挥优势，将机会最大限度活用	3. WO策略 把劣势转化为机遇，例如寻找外部合作，补齐短板
T 挑战	2. ST策略 充分发挥优势，规避或者击溃威胁。需要提防跨界颠覆式创新	4. WT策略 规避最糟糕的情况，提早制定预案

3）3C分析

3C分析由日本著名咨询大师大前研一提出，是聚焦市场核心三角关系的战略分析工具。其本质在于通过三者的动态平衡分析，为企业探寻差异化的生存空间。如图2-17所示，3C是指：

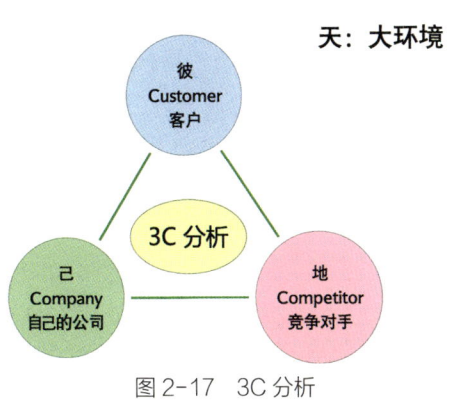

图2-17 3C分析

- 自己的公司（Company，C）：分析核心竞争力、组织能力、创新能力、价值链效率等方面；
- 客户（Customer，C）：分析需求分层、消费行为、价值感知等方面；
- 竞争对手（Competitor，C）：分析市场地位、战略动向、运营效率等方面。

3C分析可以与PEST分析、SWOT分析综合运用，从而实现"知己知彼、知天知地"。基于MECE原则对三个C重叠的区域进行划分，可以得到如图2-18所示的8个区域。我们用下面的表格来对这8个市场进行分析：

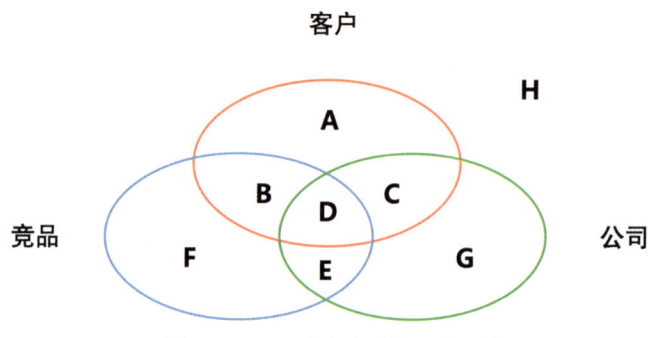

图 2-18　3C分析产生的8个区域

区域	说明
A	客户有需求，但目前自己的公司和竞品都还没提供相应的解决方案。如果能提前抢占的话，就能变成C区域
B	属于竞品的蓝海区，是自己需要重点关注的区域，目前那里只有客户和竞品。如果未来能进入的话，将是一个全新的增长点
C	蓝海区，目前只有客户和自己的公司，竞品还未进入。这是**最理想的"蜜月区"**。当然需要注意的是，这样的区域也是竞品重点争夺的地盘
D	红海区，自己的公司、客户、竞品都在这片区域内。这是竞争最为激烈的战场

（续）

区域	说明
E	自己的公司和竞品都在，但还没有客户。这里可能在进行技术研发的大战，一旦有了突破就可能吸引到客户，从而转变成 D 区域
F	目前还没有客户和自己的公司，未来有可能会变成 D 区域
G	目前还没有客户和竞品，但如果能吸引到客户就会变成 C 区域
H	目前还没取得技术突破的区域，也可以理解为"大环境"。一旦有新技术出现，这里很可能会变成 G 区域和未来的 C 区域

4）4P分析

4P 分析是市场营销中的经典理论框架，由美国学者杰罗姆·麦卡锡（E. Jerome McCarthy）于 1960 年提出，旨在帮助企业制定有效的营销策略。它通过四个核心要素（4P）来分析市场行为。如图 2-19 所示，4P 是指：

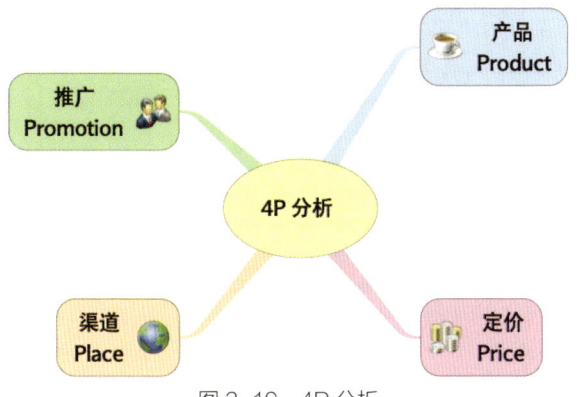

图 2-19　4P 分析

- 产品（Product，P）：产品策略是指企业向目标市场提供的商品或服务，包括功能、质量、创新、品牌定位、包装、售后等方面；
- 定价（Price，P）：消费者为获取产品所支付的金额，包括定价策略是成本导向、竞争导向还是价值导向？定价与目标市场购买力是否匹配等问题；
- **渠道（Place，P）**：产品从生产者传递至消费者的路径，包括销售渠道是线上、线下还是混合模式等问题；
- **推广（Promotion，P）**：企业与消费者进行沟通并说服其购买的营销活动，包括采用哪些促销手段，是否提供折扣、会员价，以及如何传递品牌价值等问题。

	自己	竞品A	竞品B
对象（目标客群）			
内容（提供的价值）			
产品（Product）			
定价（Price）			
渠道（Place）			
推广（Promotion）			

4P与产品生命周期综合分析：

	产品导入期	产品成长期	产品成熟期	产品衰退期
说明	将产品导入市场，让消费者认知产品的阶段	产品的销售额提升，竞品相继进入市场的阶段	产品的需求稳定、市场规模增长放缓，竞争最激烈的阶段	市场规模缩小，产品的销售额也随之减少的阶段
市场策略	扩大市场	扩大市场	维持市场占有率	保证经营利润
产品策略（Product）	开发	差异化	多元化	收缩
定价策略（Price）	高	稍低	低	高
渠道策略（Place）	限定	扩大	优化	限定
推广策略（Promotion）	提高消费者认知	加强促销活动	多元化促销方式	减少促销

5）波特五力分析

波特五力（5F）分析是由哈佛商学院教授迈克尔·波特（Michael Porter）于1979年提出的战略管理工具，用于评估一个行业的竞争格局和长期盈利能力。通过分析五种关键力量，企业可以识别行业吸引力、制定竞争策略或评估市场进入可行性。如图2-20所示，波特五力是指：

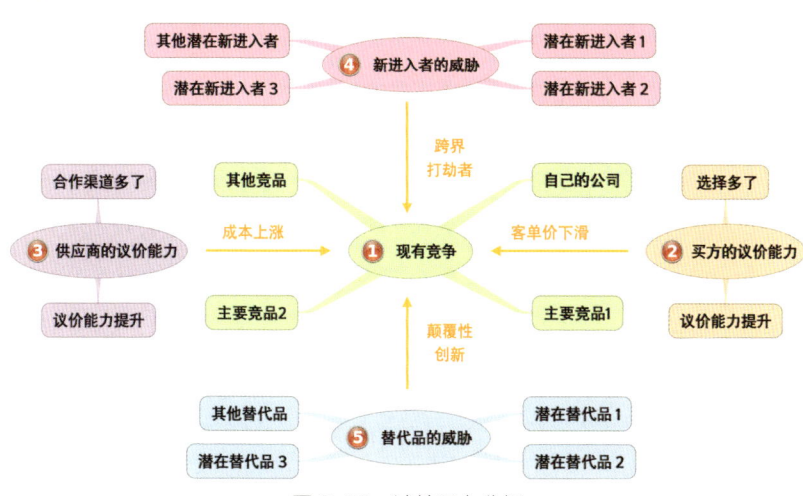

图2-20 波特五力分析

①现有竞争
- **定义**：同一行业内现有企业间的竞争激烈程度。
- **影响因素**：市场增长率、行业集中度、产品差异化程度、退出壁垒等。
- **分析目的**：旨在了解竞争对手的实力与策略，并评估市场竞争的激烈程度。

②买方的议价能力
- **定义**：买方在交易过程中对价格和交易条件的影响力。
- **影响因素**：买方的集中度、购买量、信息获取能力、替代品的可用性、后向一体化的威胁等。

- **分析目的**：旨在了解买方对价格和质量的要求。

③供应商的议价能力
- **定义**：供应商在交易过程中对价格和交易条件的影响力。
- **影响因素**：供应商的集中度、产品的差异化程度、替代供应商的可用性、前向一体化的威胁等。
- **分析目的**：旨在评估供应商对成本和供应链的影响。

④新进入者的威胁
- **定义**：新企业进入该行业的可能性及其对现有企业产生的竞争压力。
- **影响因素**：进入壁垒（如规模经济、品牌忠诚度、专利技术等）、预期现有企业的反应（如价格战、广告战等）。
- **分析目的**：旨在评估新进入者对市场份额和利润的潜在影响。

⑤替代品的威胁
- **定义**：替代品或服务对现有产品或服务的替代可能性及其产生的影响。
- **影响因素**：替代品的价格、性能、质量、可用性等。
- **分析目的**：旨在了解替代品对市场需求和价格的影响。

	行业 A	行业 B	行业 C
现有竞争	强	弱	中
买方的议价能力	中	弱	强
供应商的议价能力	强	中	强
新进入者的威胁	中	中	强
替代品的威胁	弱	弱	中
综合评分（弱1、中2、强3）	11	7	13

如上表所示，对 ABC 三个行业进行波特五力分析后，得出 B 行业内的竞争力较弱，如果掌握了相关的技术，应该积极进入该行业。

而 C 行业内的竞争非常激烈，潜在新进入者的威胁也很强，因此进入该行业的风险会比较高。

6）AIDMA 和 AISAS分析

AIDMA 和 AISAS 模型常用于分析消费者从认知商品到决定购买的心理过程。

AIDMA 模型由美国广告学家 E.S. 刘易斯于 1898 年提出，适用于传统媒体时代的信息单向传播环境（如报纸、电视广告）。消费者行为路径是线性、被动的漏斗型转化。如图 2-21 所示，AIDMA 是指：

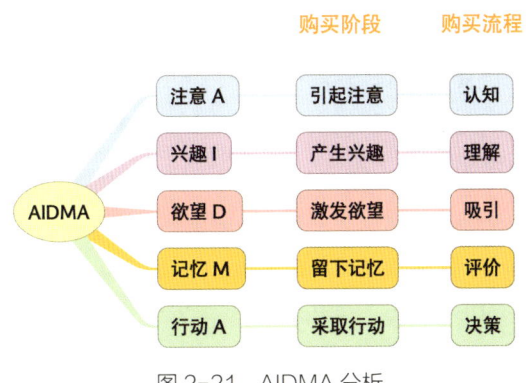

图 2-21　AIDMA 分析

- 注意（Attention, A）：通过广告、海报等形式吸引消费者关注。
- 兴趣（Interest, I）：通过产品展示或体验激发消费者兴趣。
- 欲望（Desire, D）：通过信任建立与消费欲望刺激（如折扣）。
- 记忆（Memory, M）：通过重复广告或品牌体验加深消费者记忆。
- 行动（Action, A）：最终促成消费者购买行为。

AISAS 模型由日本电通公司于 2005 年提出，是 AIDMA 的升级版。针对互联网 2.0 时代（搜索技术普及、社交媒体兴起），强调消费者主动行为（Search & Share）的重要性。如图 2-22 所示，AISAS 是指：

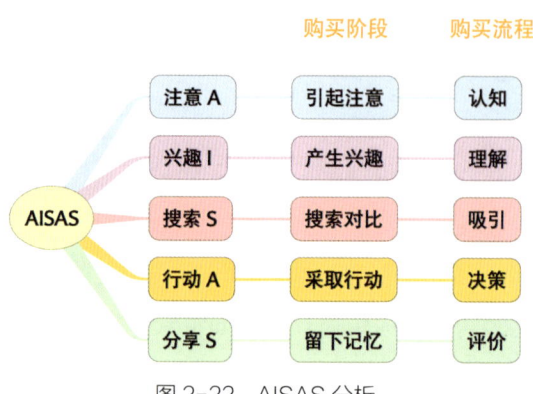

图 2-22 AISAS 分析

- 注意（Attention，A）：通过广告、社交媒体及口碑传播等渠道吸引消费者关注。
- 兴趣（Interest，I）：运用内容营销、互动活动等多种方式激发消费者兴趣。
- 搜索（Search，S）：消费者在线查询产品或服务的相关信息。
- 行动（Action，A）：最终促使消费者完成购买行为。
- 分享（Share，S）：消费者在社交媒体上分享关于产品或服务的体验。

AIDMA 和 AISAS 的关键对比：

维度	AIDMA	AISAS
传播逻辑	单向推送（企业→用户）	双向互动（用户参与搜索与分享）
核心阶段	注意→兴趣→欲望→记忆→行动	注意→兴趣→搜索→行动→分享
适用时代	传统媒体时代（电视、报纸）	互联网 2.0 时代（搜索＋社交）
营销重心	广告曝光与记忆强化	内容质量与用户主动行为引导
效果评估	曝光量、到达率、记忆率	搜索量、转化率、分享率
典型应用	品牌广告、高价值商品	社交电商、爆品快速转化

7）麦肯锡 7S 分析

麦肯锡 7S 模型由麦肯锡咨询公司提出，用于分析企业组织内部的协同性和一致性。如图 2-23 所示，7 个要素可分为"硬性 S"和"软性 S"两类：

图 2-23　麦肯锡 7S 分析

类别	7 要素	定义与说明
硬性 S	战略（Strategy）	组织长期目标及实现路径的规划
	架构（Structure）	组织架构设计（如层级制、矩阵制、扁平化）
	制度（Systems）	核心流程与制度（如考核、决策、IT 系统）
核心纽带	共同价值观（Shared Values）	组织使命、愿景、文化内核
软性 S	文化（Style）	管理层行为风格与组织文化氛围
	人才（Staff）	人力资源构成与能力
	技能（Skills）	组织核心能力与员工专业技能

核心逻辑：7 要素相互关联，共同决定组织效能。改变一个要素时，须调整其他要素以保持平衡。硬件要素的改善，也需要在共同价值观、技能、文化和人才的基础上进行，因此保持软性要素和硬性要素两方面的平衡尤为重要。一个运营顺畅的企业，7 要素一定是平衡且互补的。通过使用 7S 分析的框架，从整体上把握问题，对企业进行

有效的管理。

如下表所示，某传统制造企业计划通过数字化转型提升竞争力，但面临组织协同不足、文化冲突等问题。用 7S 模型进行分析：

类别	7S	现状	改进方案
硬性 S	战略（Strategy）	完全依赖传统生产模式，无数字化规划	制定"智能化 + 服务化"战略，投资 AI 和物联网
	架构（Structure）	层级化部门制，反应迟缓	调整为扁平化矩阵结构，成立数字创新中心
	制度（Systems）	使用传统 KPI 考核，缺乏创新激励	引入敏捷管理流程，设立数字化专项奖励机制
核心纽带	共同价值观（Shared Values）	以生产规模为核心价值观	重新定义使命为"用技术创造可持续未来"
软性 S	文化（Style）	决策保守，自上而下管理	倡导开放沟通，鼓励试错文化，高管亲自示范
	人才（Staff）	传统工程师为主，缺乏数字化人才	招聘数据科学家，内部轮岗培养复合型人才
	技能（Skills）	员工缺乏数据分析能力	开展全员数字技能培训，引入外部技术专家

8）安索夫成长矩阵分析

安索夫成长矩阵（Ansoff Matrix） 是战略管理中的经典工具，由美国学者伊戈尔·安索夫（Igor Ansoff）于 1957 年提出，用于分析企业增长策略。如图 2-24 所示，通过"产品"和"市场"两个维度，划分出四种增长策略，帮助企业评估风险与机会。

①**市场渗透战略**：思考如何提升原有产品在原有市场中的市场占有率的战略。

②**新产品研发战略**：思考如何向现有市场投放新产品的战略。

③**新市场开拓战略**：通过进军新市场、开拓新顾客群体来提高现有产品销售额的战略。

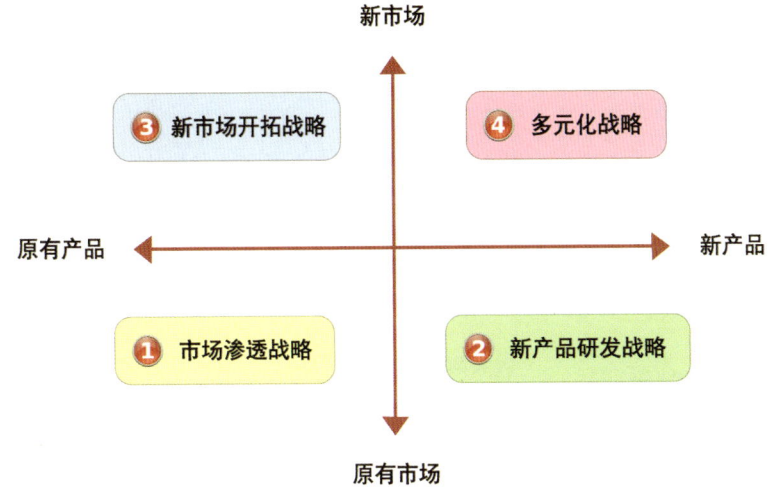

图 2-24　安索夫成长矩阵分析

④**多元化战略**：在新市场推出新产品以提高销售额的战略。包括以下四种类型：

- **水平多元化战略**：为相似的现有顾客提供不同的产品。
- **垂直多元化战略**：在相同的事业领域的上游和下游开展商业活动。
- **集中多元化战略**：凭借自身的竞争优势在完全不同的领域竞争。
- **整体多元化战略**：开展与现有产品完全不相关的全新事业。

多元化战略一旦取得成功，就能在新市场取得优势地位，从而带来很大的好处，但风险也很大。在开拓市场和思考进军新市场的战略时，利用安索夫成长矩阵思考增长战略是非常有效的。

9）波士顿矩阵分析

波士顿矩阵（BCG Matrix） 由波士顿咨询公司于 1970 年提出，是一种用于分析企业产品组合的战略工具。如图 2-25 所示，通过

"市场成长率"和"相对市场占有率"两个维度,将产品或业务划分为四类,帮助企业优化资源配置。

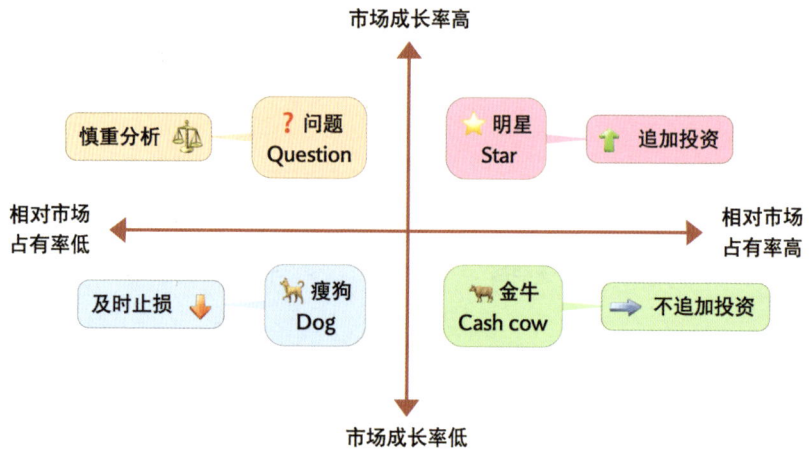

图 2-25 波士顿矩阵分析

象限	市场成长率	相对市场占有率	特点	战略建议
明星	高	高	高增长市场中的领导者,须持续投资以维持竞争力,可能产生高现金流但需要高投入	加大投资,巩固市场地位。推动技术创新或扩大产能
金牛	低	高	成熟市场中的领导者,现金流稳定但增长潜力有限	维持市场份额,降低成本。将利润用于支持其他业务
问题	高	低	高增长市场中份额较低,需要大量资源投入但前景不确定	有潜力则加大投资,无潜力则尽快放弃或剥离
瘦狗	低	低	低增长市场中竞争力弱,通常利润低或亏损	剥离、关闭或重组,避免资源消耗

波士顿矩阵的象限变迁体现了业务的动态生命周期。企业须定期评估市场与竞争态势,灵活调整战略:

- **明星业务**：警惕市场饱和，防止过度投资。
- **金牛业务**：未雨绸缪，探寻第二增长曲线。
- **问题业务**：快速试错，避免资源分散。
- **瘦狗业务**：果断决策，防止拖累整体业绩。

通过动态管理，企业可实现资源的最优配置，在变化中保持竞争力。

10）商业模式分析

对于企业的商业模式分析，可以用由亚历山大·奥斯特瓦德（Alexander Osterwalder）提出的**商业模式画布**。它是一种用于系统化描述、设计和优化商业模式的战略工具。如图 2-26 所示，商业模式画布通过九个核心模块，帮助企业和创业者清晰梳理商业逻辑，快速验证可行性。

模块	核心问题	关键内容
客户细分 CS（Customer Segments）	企业为谁创造价值？目标客户是谁？	按需求、行为、特征划分客户群体（如大众市场、细分市场、多元化客户等）
价值主张 VP（Value Propositions）	企业为客户提供什么独特价值？解决哪些痛点？	产品或服务的核心优势（如低价、便捷性、创新技术、情感共鸣等）
客户关系 CR（Customer Relationships）	如何与客户建立并维持关系？	关系类型（如自助服务、专属客服、社区运营、订阅制等）
渠道通路 CH（Channels）	如何触达客户并传递价值？	销售、宣传、售后渠道的组合（如线上平台、实体门店、社交媒体、代理商等）
成本结构 CS（Cost Structure）	商业模式的主要成本是什么？	固定成本（租金）、可变成本（原材料）、规模经济、成本驱动因素等
收入来源 RS（Revenue Streams）	客户愿意为什么付费？企业如何盈利？	收入模式（如一次性销售、订阅费、广告、佣金、许可授权等）

（续）

模块	核心问题	关键内容
关键合作伙伴 KP（Key Partnerships）	需要哪些外部伙伴支持？	供应商、战略联盟、合资企业、技术合作方等
关键活动 KA（Key Activities）	企业必须做什么才能交付价值？	生产、研发、平台维护、供应链管理、营销等核心运营环节
关键资源 KR（Key Resources）	企业需要哪些核心资产？	实体资源（厂房）、智力资源（专利）、人力资源（团队）、金融资源（资金）等

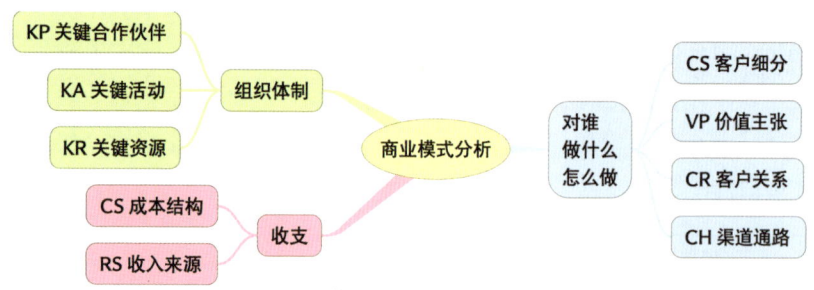

图 2-26　商业模式分析思维导图

怎样使用商业模式画布？

KP 关键合作伙伴	KA 关键活动	VP 价值主张	CR 客户关系	CS 客户细分
	KR 关键资源		CH 渠道通路	
CS 成本结构			RS 收入来源	

①**明确分析目标**：确定要分析的对象，可以是新产品、新市场或整体企业。

②**模块内容填充**：按照既定顺序依次填写 9 个模块的内容。在这个过程中，建议优先聚焦于**客户细分（CS）**、**价值主张（VP）**、**收入来源（RS）**这三个关键模块。

③**逻辑一致性验证**：仔细检查各个模块之间是否存在一致性，例如"渠道通路"是否与"客户细分"的偏好相匹配，并识别出其中的

关键矛盾点。

④迭代优化调整：根据市场反馈对画布进行相应的调整，从而持续改进商业模式。

本节回顾：

高效分析和解决问题的第二步，是归因溯源——搞清楚是什么导致了问题的产生。

分析问题时应尽可能遵循 MECE 原则（不重不漏）。

自己构建符合 MECE 原则的框架比较困难，更高效的方法是使用一系列已经被业界证明有效的框架。

常用的十种问题分析工具：PEST、SWOT、3C、4P、5F、AIDMA 和 AISAS、麦肯锡 7S、安索夫成长矩阵、波士顿矩阵、商业模式画布。

三、建构方案：逻辑为骨，创意赋形

在前两个步骤中，我们充分利用了左脑的逻辑思维和分析能力对问题进行了深入剖析，并找出了关键所在。接下来，我们需要更多地发挥右脑的创新能力和直觉优势，针对问题提出具有创造性的解决策略。同时，在这一阶段，团队协作也至关重要。我们需要汇集各方意见，集思广益，群策群力，共同为构建解决方案贡献力量。本节将围绕创新思维工具展开介绍，以帮助大家更高效地整合各方资源，形成更全面、更深入的解决方案。

1.创新思维的底层逻辑——不设限

我们在思考问题时，总是容易给自己设限。固有观念与经验常将我们束缚，使我们不敢轻易尝试新的思路和方法。这种自我设限的心态，常常阻碍我们发挥潜力，令我们在解决问题时陷入僵局。要打破这一困境，我们需要勇敢跳出思维定式，敢于挑战自身极限，以更广阔的视野和更开放的心态去拥抱未知，如此才能发现更多的可能性。

让我们先来思考以下问题:

如图 2-27 所示,如何用四条直线一笔连接这九个点?

图 2-27 九点连线测试

读者不妨在纸上尝试作画。若是首次接触这个问题,你会发现它并不像想象中那么简单。我们常被这九个点形成的"无形的框"所限制,在其中徘徊后发现难以用四条直线一笔连接所有的点。正确的做法是"破框",从点的外部开始绘制,如图 2-28 右侧的"1、2、3、4"所示,按这样的顺序便可一笔连接九个点。

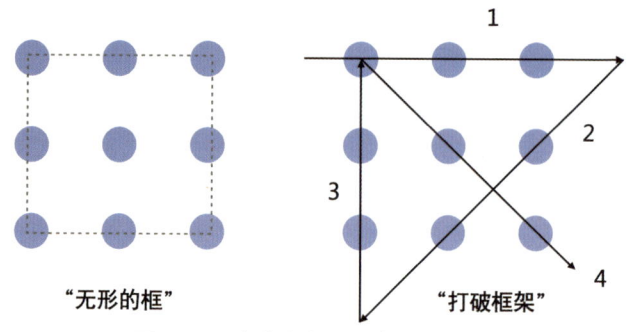

图 2-28 九点连线测试(四条直线)

进一步思考,若难度提升至只能用三条直线,又该如何一笔连接这九个点呢?

此时,读者往往受限于"线必须从点的中心穿过"这种并不存在的假设。如图 2-29 所示,其实完全可以采用切线方式,即"打擦边球",来将九个点连接起来。

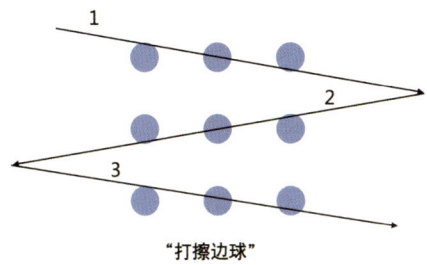

"打擦边球"

图 2-29 九点连线测试（三条直线）

我们再进一步思考，如果难度再次提升，只允许用一条直线，要如何一笔将这九个点连接起来呢？

如图 2-30 所示，答案就是找一支足够粗的笔，一笔将这九个点连起来。这看似是脑筋急转弯，实际上是要我们挑战自己的逻辑思维，即理性的左脑。

"找一支足够粗的笔来画线"

图 2-30 九点连线测试（一条直线）

在第八章中，我们会进一步详细介绍"全脑思维"的概念，即在解决问题时，我们不仅要运用左脑进行理性分析，还要充分利用擅长创新的右脑。

2. 常用的创新思维工具

想要打破思维的局限，我们可以借助以下创新思维工具来拓宽思维的广度，让自己的"脑洞"被充分打开。

1）头脑风暴法

头脑风暴法（Brainstorming）是由美国的创新学家亚历克斯·奥斯本（Alex Osborn）于1939年首创。最初用于广告的创意设计，经过长期的优化和实践，目前已被用于各种需要"开脑洞"的场景。如图 2-31 所示，头脑风暴法（ORECC）是指：

图 2-31　头脑风暴法思维导图

- **明确目标（Objective，O）**：贯彻"以终为始"原则，在开展一场头脑风暴之前，必须先明确目标。比如想要解决的问题是什么，想要得到哪方面的创意？只有让大家明确了目标，才有可能达成目标。否则就可能变成浪费时间的无效会议。
- **制定规则（Rule，R）**：千万不要小看了规则，大量失败的头脑风暴会议就是因为缺乏明确的规则，最后导致整个创意过程七零八落，很多想法还没提出来就被扼杀了。一定要在开始头脑风暴之前强调后续的流程和规则，如不允许打断别人的发言，不要着急判断对错等。
- **灵感爆发（Erupt，E）**：高效率的头脑风暴离不开好的会议引导，需要有人来把控整个会议的进程。把上面提到的目标、规则、流程等告知参会人员，并严格执行，以更好地激发创意和灵感。
- **清点数量（Count，C）**：创意灵感的数量是头脑风暴的一个重要指标，所以在每个阶段结束后，记得清点数量。比较一下是否达到了当前阶段设定的最低值，如果没有达到的话主持人需要考虑是否应给大家更多的时间进一步思考。
- **收集整理**（Collect，C）：完成上面的这些步骤后，接下来，也是最重要的，就是从这些创意灵感中寻找达成目标的线索，将它们进一步分组并归纳整理。这是头脑风暴最宝贵的产出物。

头脑风暴的四条"铁律"
- **禁止评判**：在头脑风暴过程中，严禁对他人的创意进行任何形式的评判，无论是支持还是反对；
- **自由发挥**：鼓励大家提出各种奇特、创新、突破常规的想法，以打破思维桎梏；
- **量重于质**：头脑风暴注重的是想法的数量而非质量，这一点极为关键；
- **相互启发**：在不对他人想法进行评判的前提下，可以基于他人想法进行启发式思考，以激发更多灵感。

2）曼陀罗思考法

曼陀罗思考法，顾名思义，就像曼陀罗花一样，从中央呈放射状向外扩展，从而使创意无限拓展。这是由日本学者今泉浩晃发明的方法。当缺乏灵感或创意时，利用曼陀罗思考法可以在很短的时间内对一个主题进行深入挖掘和思考，从而得到许多新的创意。曼陀罗思考法的使用方法非常简单，只需要一张纸或在电脑上制作出一个 3×3 的表格，将主题和目标写在最中央的位置，然后在周围的八个格子里写上相关的关键词。为了进一步加深思考，可以在周围继续添加八个九宫格。将中心九宫格的八个关键词分别放在周围八个九宫格的中心，然后根据中心的关键词在周围的八个格子里再次写出相关的关键词。

3x3 的曼陀罗思考表格：

7	8	1
6	曼陀罗思考主题	2
5	4	3

9x9 的曼陀罗思考表格：

	7			8			1	
			7	8	1			
	6		6	中心	2		2	
			5	4	3			
	5			4			3	

思维导图版曼陀罗思考法：

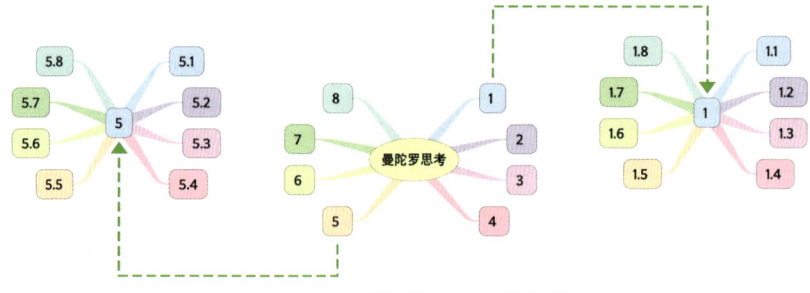

图 2-32　曼陀罗思考法思维导图

思维导图更像是没有严格数量限制的曼陀罗思考法，思维导图的中心就相当于曼陀罗思考法的起点，围绕该主题想到的一级主题就是曼陀罗思考法的（1-8），每个一级主题再往下扩展的二级主题就好比 9×9 曼陀罗思考中的其他 8 个中心主题。

3）脚本图分析法

脚本图分析法（Scenario Graph）通过"时间、地点、人物、事件"四个要素来构建故事脚本，从而激发创意灵感。如图 2-33 所示，我们可以先按每个维度随意发散，之后再随机挑选进行组合，获得平时想不到的点子。

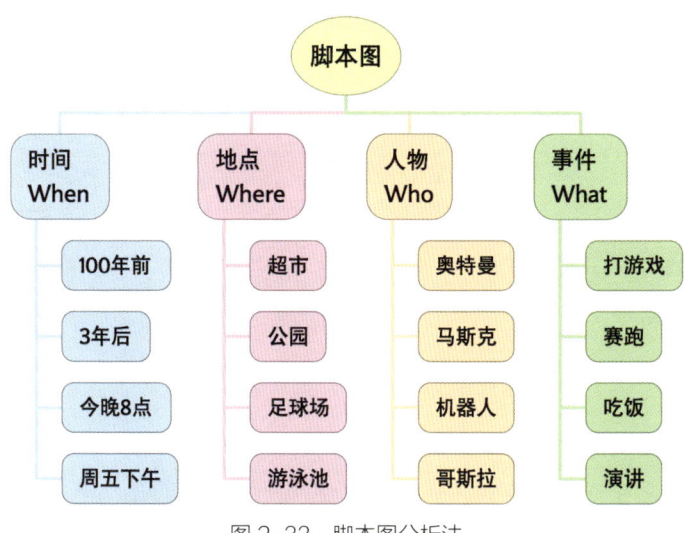

图 2-33　脚本图分析法

例如，根据图 2-33 中的时间、地点、人物、事件进行随机组合后得到：

100 年前，公园，机器人，赛跑；3 年后，游泳池，马斯克，演讲等。

4）六顶思考帽

六顶思考帽（Six Thinking Hats）由爱德华·德博诺（Edward deBono）博士发明，是最经典的平行思维工具。六顶思考帽将问题切分成六个不同的视角，并为每个视角赋予一个对应颜色的帽子。其巧妙之处在于每个人只能在头上戴一顶帽子，当戴上了某个颜色的帽子后，不管你之前习惯的思维视角、偏好、立场是什么，都需要暂时做出改变，改成当前颜色帽子所对应的视角。使用该工具前，应先设定好戴帽子的顺序，然后按次序开始思考。如图 2-34 所示，六顶思考帽具体是指：

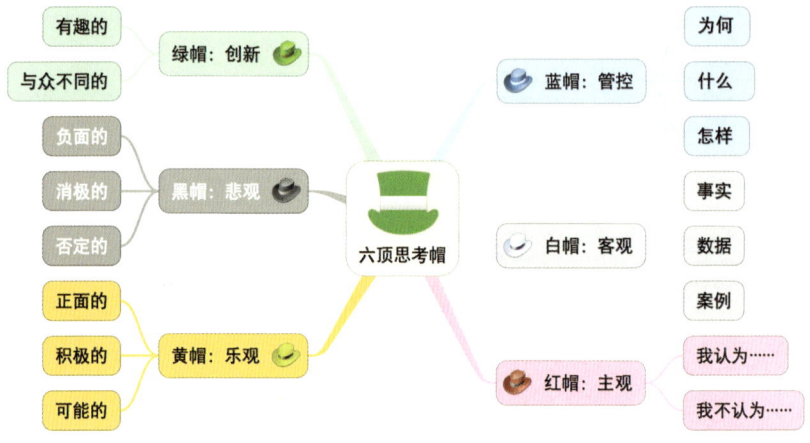

图 2-34　六顶思考帽思维导图

- **客观视角**：对应白色思考帽，当戴上白色思考帽时，你需要暂时变成一个非常客观的人，看待问题注重数据、事实，仿佛变成了一台计算机；
- **主观视角**：对应红色思考帽，当戴上红色思考帽时，你需要暂时变成一个非常主观的人，看待问题只从自己的主观感受、偏好、直觉等角度出发；
- **乐观视角**：对应黄色思考帽，当戴上黄色思考帽时，你需要暂时变成一个非常乐观的人，看待问题保持积极、乐观、阳光的心态；
- **悲观视角**：对应黑色思考帽，当戴上黑色思考帽时，你需要暂时变成一个非常悲观的人，看待问题尽可能消极、悲观，尽可能将风险放大；
- **创新视角**：对应绿色思考帽，当戴上绿色思考帽时，你需要暂时变成一个追求创新的人，看待问题尽可能从颠覆创新的角度，不断寻求改变的可能性；
- **管控视角**：对应蓝色思考帽，当戴上蓝色思考帽时，你需要暂时变成一个把控全局的人，看待问题尽可能从一定高度上关注全局，审视当前离达成目标还有多远，如何调整才能更接近目标。

5）奥斯本检核表法

奥斯本检核表法（Osborn's Checklist Method）由美国创新学家亚历克斯·奥斯本（Alex Osborn）于1941年提出，属于系统性创新思维工具，被誉为"创造之母"。其核心是通过9组共75个关键问题，强制引导思考者从多角度分析改进对象，突破思维定式，挖掘潜在的创新方向。该方法常应用于产品改进、流程优化等领域（参见图2-35）。

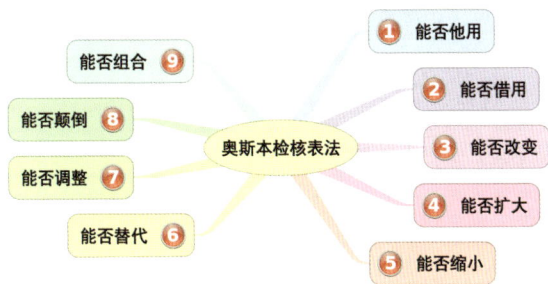

图 2-35　奥斯本检核表法思维导图

类别	问题	答案
能否他用	1. 有无新的用途？	
	2. 是否有新的使用方法？	
	3. 可否改变现有的使用方法？	
能否借用	4. 有无类似的东西？	
	5. 利用类比能否产生新的观念？	
	6. 过去有无类似的问题？	
	7. 可否模仿？	
	8. 能否超越？	

（续）

类别	问题	答案
能否改变	9. 可否改变功能？	
	10. 可否改变颜色？	
	11. 可否改变形状？	
	12. 可否改变运动？	
	13. 可否改变气味？	
	14. 可否改变音响？	
	15. 可否改变外形？	
	16. 是否还有其他改变的可能性？	
能否扩大	17. 可否增加些什么？	
	18. 可否附加些什么？	
	19. 可否增加使用时间？	
	20. 可否增加频率？	
	21. 可否增加尺寸？	
	22. 可否增加强度？	
	23. 可否提高性能？	
	24. 可否增加新成分？	
	25. 可否加倍？	
	26. 可否扩大若干倍？	
	27. 可否放大？	
	28. 可否夸大？	
能否缩小	29. 可否减少些什么？	
	30. 可否密集？	
	31. 可否压缩？	
	32. 可否浓缩？	
	33. 可否聚合？	
	34. 可否微型化？	
	35. 可否缩短？	

（续）

类别	问题	答案
能否缩小	36.可否变窄？	
	37.可否去掉？	
	38.可否分割？	
	39.可否减轻？	
	40.可否变成流线型？	
能否替代	41.可否代替？	
	42.用什么代替？	
	43.还有什么排列？	
	44.还有什么成分？	
	45.还有什么材料？	
	46.还有什么过程？	
	47.还有什么能源？	
	48.还有什么颜色？	
	49.还有什么音响？	
	50.还有什么照明？	
能否调整	51.可否变换？	
	52.有无可互换的成分？	
	53.可否变换模式？	
	54.可否变换布置顺序？	
	55.可否变换操作工序？	
	56.可否变换因果关系？	
	57.可否变换速度或频率？	
	58.可否变换工作规范？	
能否颠倒	59.可否颠倒？	
	60.可否颠倒正负？	
	61.可否颠倒正反？	

（续）

类别	问题	答案
能否颠倒	62. 可否前后颠倒？	
	63. 可否上下颠倒？	
	64. 可否颠倒位置？	
	65. 可否颠倒作用？	
能否组合	66. 可否重新组合？	
	67. 可否尝试混合？	
	68. 可否尝试合成？	
	69. 可否尝试配合？	
	70. 可否尝试协调？	
	71. 可否尝试配套？	
	72. 可否把物体组合？	
	73. 可否把目的组合？	
	74. 可否把特性组合？	
	75. 可否把观念组合？	

如上表所示，奥斯本检核表可以分为九大类，共 75 个问题。

6）SCAMPER 法

SCAMPER 是由美国心理学家鲍勃·埃伯勒（Bob Eberle）在 20 世纪 90 年代，基于奥斯本检核表的思想提出的一种系统性创意激发工具，通过 7 个方向对现有产品或问题进行改进和创新。如图 2-36 所示，SCAMPER 法是指：

- 替代（Substitute，S）：替换材料、流程或主体。
- 组合（Combine，C）：将功能、元素或流程结合。
- 调适（Adapt，A）：借鉴其他领域的解决方案。
- 修改（Modify，M）：改变属性（如形状、规模、顺序）。
- 转作他用（Put to other uses，P）：发掘新用途。
- 消除（Eliminate，E）：移除冗余或非必要部分。
- 重组/倒置（Rearrange/Revert，R）：调整结构或顺序。

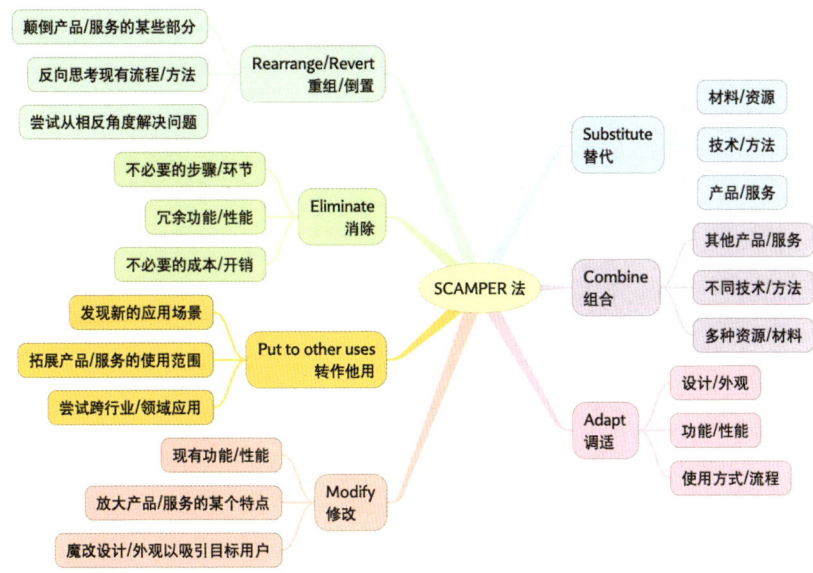

图 2-36 SCAMPER 法思维导图

SCAMPER 法的使用方法也非常简单,由会议主持人按照 SCAMPER 法的顺序进行提问,参会者根据提问思考。也可以将 SCAMPER 法的提问做成如下表格,让参会者逐一填写。

SCAMPER	现状	方案
S 替代	是否有替代品? 是否有其他方法制作? 是否可以用其他材料制作?	
C 组合	是否能和其他产品组合起来? 是否能够将不同的商品混合在一起? 是否能将不同功能的商品组合起来?	
A 调适	是否能用在其他方面? 是否有与之相似的东西? 是否有其他启发?	
M 修改	是否能增加一些东西? 是否能够改变颜色和设计? 是否能够改变大小、重量、厚度、长度?	

（续）

SCAMPER	现状	方案
P 转作他用	是否有其他使用方法？ 是否有改善和改良的方法？ 是否能够在其他市场使用？	
E 消除	是否能够省略？ 是否能够减少？ 是否能够更小、更轻、更低、更短？	
R 重组/倒置	上下、左右是否可以颠倒？ 前后是否可以颠倒？ 功能是否可以颠倒？	

7）和田十二法

和田十二法是上海和田路小学总结的一套创新思维方法，包含 12 个关键动词，通过组合应用激发创造性解决问题的方式。由于其简洁性和实用性，这一方法在职场管理、产品创新等领域被广泛应用。如图 2-37 所示，和田十二法是指：

方法	思路说明	职场应用方向
加	增加要素（如功能、时间、成本）	优化流程、提升体验
减	删减冗余环节	降低成本、提升效率
扩	扩展功能或场景	市场渗透、能力升级
缩	压缩体积或时间	敏捷响应、轻量化协作
变	改变形态或模式	适应新需求、解决痛点
改	改进功能或缺陷	提升质量、减少投诉
联	组合关联功能	资源整合、创新产品
学	模仿优秀案例	对标竞品、快速迭代
代	替代材料或方法	优化成本、可持续化
搬	迁移应用场景	跨部门复用、跨界创新
反	逆向思考操作	突破思维定式、化解矛盾
定	设定规则标准	规范流程、降低风险

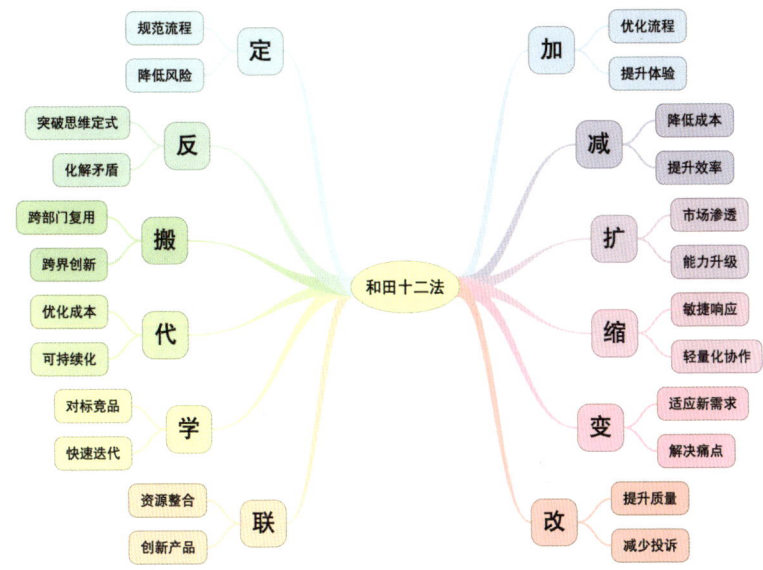

图 2-37　和田十二法思维导图

8）迪士尼法

迪士尼法（Disney Method）是由罗伯特·迪尔茨（Robert Dilts）开发的创新思维工具，旨在通过角色代入来激发团队的创造力和协同工作。该方法通过三个角色——梦想家（Dreamer）、实干家（Realist）、批评家（Critic）来拆解和优化创新过程。

- 梦想家（Dreamer）：在这个阶段，团队成员被鼓励自由想象，提出"如果不受限，我们能做到什么？"的想法。这个阶段的目标是激发创新和创造力，不受现实限制。
- 实干家（Realist）：在这个阶段，梦想家的创意需要被转化为具体的行动计划。团队成员需要考虑实现这些创意所需的资源、时间和风险。
- 批评家（Critic）：批评家的任务是找出梦想家和实干家想法中的漏洞和现实限制，并进行评估。这个阶段的目标是确保创意在现实中可行。

迪士尼法的应用步骤（见图 2-38）：

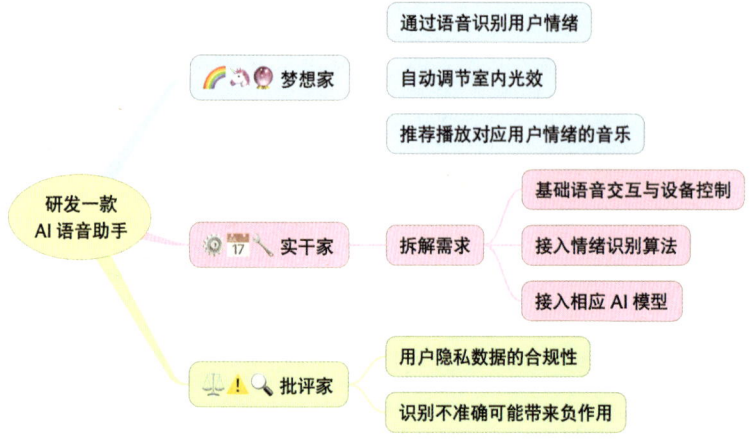

图 2-38　迪士尼法思维导图示例

- **选定具体问题**：明确需要解决的问题或创新目标。
- **角色设定**：在三张白纸上分别标注"梦想家""实干家"和"批评家"，并将纸张平铺于地面。
- **梦想家阶段**：站在"梦想家"的纸张上，充分想象你期望达到的结果，释放无限的创造力，不受任何限制。
- **实干家阶段**：离开"梦想家"的纸张区域，开始思考如何将梦想转化为现实，摒弃"做不到"等消极念头。
- **批评家阶段**：移步至"批评家"的纸张上，审视梦想家和实干家的想法，探寻其中可能存在的漏洞并评估其现实可行性。
- **观众阶段**：结合实际情况，选择继续深入某个角色进行思考，或是进行综合调整，直至找到令人满意的解决方案。

9）PMI 法

PMI 创新法是由爱德华·德博诺博士发明（Edward de Bono）发明的一种结构化思维工具，旨在通过全面分析观点或建议的有利方面、不利方面和兴趣点，帮助个人和团队更系统地进行决策和创新。PMI

创新法具体是指:

- Plus(优点):思考该观点的优点或有利因素是什么,为什么喜欢或赞同这种观点。
- Minus(缺点):思考该观点的缺点或不利因素是什么,为什么不喜欢或不赞同这种观点。
- Interesting(兴趣点):思考该观点的哪些方面让你感兴趣,可能会引出哪些新的、有创造性的想法。

如图 2-39 所示,某城市面临公共交通运力不足的问题,尤其在高峰时段,公交车拥挤不堪。为了提高公交车的载客量,规划部门提出了一个大胆的建议:移除公交车内的座位,以增加载客空间。然而,这一提议引发了广泛的争议,涉及乘客安全、舒适度以及特殊人群的需求等多个方面。为了全面评估这一建议的可行性,规划部门决定采用 PMI 分析法进行深入分析。

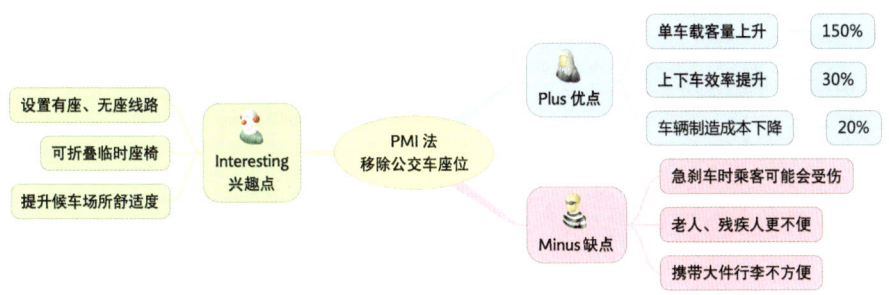

图 2-39　PMI 法

本节回顾:

- 高效分析和解决问题的第三步,是建构方案——左右脑并用设法找出解决方案。
- 左脑擅长逻辑推理,而右脑擅长发挥创意灵感。
- 创新思维的底层逻辑是不给自己的思维设限。
- 常用的九种创新思维工具:头脑风暴法、曼陀罗思考法、脚本图法、六项思考帽法、奥斯本检核表法、SCAMPER 法、和田十二法、迪士尼法、PMI 法。

四、抉择方案：沙盘推演，系统决策

通过前面三个步骤，我们已经界定清楚了问题，找出了问题产生的根本原因，并设想了几种可能的解决方案。接下来，我们需要综合评估各种因素后做出最终的选择。

1. 抉择前先确定好标准

在上一个步骤中，我们已经获得了一些可供选择的解决方案。但"鱼和熊掌不可兼得"，在做出最终决策之前，我们首先要明确选择的标准是什么。比如，当合同已经明确约定了最后的交付期限时，"时间维度"的重要性就超过了"成本维度"；而如果企业年度战略是以利润为导向，那么决策时"成本维度"的重要性显然会更高。

此外，如图 2-40 所示，在职场中我们还应警惕以下"决策陷阱"：

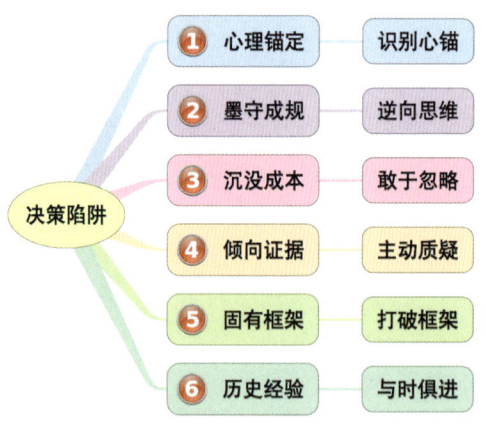

图 2-40　职场上常见的决策陷阱

1）心理锚定

- **定义**：心理锚定这种认知偏误，指的是在决策过程中个体思维容易受到初始信息或第一印象的束缚，将其作为基准参考点（锚点），从而影响判断的客观性。

- **举例**：在网购场景中，商家惯常预设虚高的"原价"，这种人为制造的"参考锚点"会导致消费者高估商品的实际价值。当该价格与"限时优惠价"形成价差时，往往会引发非理性购买决策。
- **应对策略**：在决策时，我们首先要识别环境中预设的锚定信息，主动质疑其合理性；其次要通过多方采集信息，建立多维度的价值评估体系，避免单一锚点对判断产生过大的影响。

2）墨守成规

- **定义**：墨守成规的习惯最容易让人形成思维定式。一些不合理的制度或行为模式，往往因存在时间久而获得表面合理性，导致在决策时忽视本质问题。
- **举例**：餐饮行业早期的预订服务本可提升用餐效率，但部分商家为营造虚假繁荣，刻意采用饥饿营销策略。如今各类网红餐饮店门前大排长龙的现象，正是消费者被"驯化"而接受低效服务模式的典型案例。
- **应对策略**：决策时应建立系统性评估机制，主动识别惯性思维中的认知局限。可以通过引入外部视角、建立逆向思维模型等方法，打破固有决策范式。

3）沉没成本

- **定义**：沉没成本是指已经付出且不可回收的资源，如时间、资金和精力等，这些投入往往会影响后续决策的客观性。
- **举例**：某产品虽已投入巨额研发资金，但迟迟未能实现预期的市场占有率。当决定是否继续追加投入时，决策者往往会被已投入的研发成本所影响，难以放弃这个处于亏损状态的项目。
- **应对策略**：制定决策时应主动排除沉没成本的干扰，以未来效益为核心依据，通过建立跨部门评估机制和财务止损标准来保持决策理性。

4）倾向证据

- **定义**：倾向证据指的是在做决策时，人们往往倾向于寻找那些支持自身观点或选择的证据，而忽视或回避与之相悖的证据。
- **举例**：公司开会讨论 A、B、C 三个方案时，若你倾向于选择方案 A，可能会尽力收集支持 A 的证据，却忽略 B 和 C 的合理性。
- **应对策略**：在决策过程中，要有意识地追求全面证据，避免片面性；主动搜集相反的信息和数据，挑战既有立场；持续质疑自身假设的可靠性；广泛听取不同观点，尤其是反对意见。

5）固有框架

- **定义**：人们在做决策时，往往会被问题的表象所限制，忽略其背后的深层动因。若能突破既定的思维框架，站在更高维度进行审视，常常能够获得全新的解决思路。
- **举例**：快下班时同事请你帮忙买咖啡，常规思考会局限于选择美式、拿铁或摩卡。但若深入思考"为什么快下班时需要咖啡？"则可能意识到对方要加班，此时可以问问对方需不需要简餐，或者工作上有没有需要帮忙的地方。
- **应对策略**：决策过程中应主动采用逆向思维（第八章将详细介绍），通过"五问法"层层深挖需求本源，运用系统思维构建问题全景图。

6）历史经验

- **定义**：人们在做决策时，往往会参考历史数据和经验，但可能会忽略外部环境的变化，从而导致出现"刻舟求剑"型的问题。
- **举例**：通常情况下，从公司开车去机场一个小时就够了，因此在规划出行时你预留了一个半小时。但是当天恰巧遇到高架封路维修，导致你最终没能赶上飞机。
- **应对策略**：做决策时可以参考历史经验，但更需要与时俱进，避免因过度依赖既定经验而忽视环境变化，从而做出错误的决策。

2.常用的决策工具

把想要做的事提前推演一遍，可以帮助我们更好地做决策。我们在衡量方案时，需要充分考虑各种因素，避免落入前面所介绍的六个决策陷阱。同时考虑到资源和外部环境的变化因素，至少应准备三种备选方案：

- **最优方案**：在我们所掌握的资源都能顺利分配的情况下，最佳的解决方案；
- **次优方案**：当资源分配出现问题，无法实现最优方案时的次优方案；
- **保底方案**：当资源出现短缺，可能影响问题的解决时，最低限度可接受的方案。

本节将介绍职场上常用的决策工具，来提升我们决策的效率：

1）利弊均衡表

利弊均衡表就是将创意的利（正面因素）和弊（负面因素）全都列举出来的一览表。利弊均衡表的左侧代表"利（赞成）"，右侧代表"弊（反对）"，将创意的正面因素和负面因素尽可能全面地列举出来，分别填在表格的左右两侧。当所有因素都填写完毕之后，对正面因素和负面因素进行综合判断，决定是否采用这个创意。需要注意的是，在进行判断时不能以正面因素和负面因素的数量多少为依据，因为判断的关键在于因素的"重要度"。可以用"1~5"的赋值方式来加以区分。

使用利弊均衡表的时候需要注意不能过于偏重正面因素。如果自以为是，可能自己只会看到好的一面。为了避免出现这种情况，最好是让所有利益相关者都参与进来，分别站在赞成和反对的角度提出正面意见和负面意见。这样不但可以得出更有建设性的意见，还可以使所有人分享赞成与反对的理由，提高相关人员的参与意识，使他们更容易接受决策的结果。此外，对于负面意见，还可以思考是否有替代方案或者其他的解决办法。

例如，关于是否采用远程办公，使用利弊均衡表进行如下分析：

创意：2025年度，员工可以申请远程办公			
利（赞成）	分值	弊（反对）	分值
时间灵活可控，提高工作效率	5	对于缺乏自律的员工，可能影响效率	4
可以减少办公成本（房租、水电等）	4	数据安全隐患，敏感信息可能泄露	3
提升员工的工作幸福感	4	员工之间的交流变少	3
减少员工流失	3	难以把控员工的工作进度	3
利总分	16	弊总分	13

从上表可知，利的得分高于弊的得分，可以考虑实施此方案。同时也可以对反对意见进行分析，寻找可能的解决方案。

2）报酬矩阵

如图 2-41 所示，报酬矩阵（Payoff Matrix）通常以"可行性（低/高）"和"效果（差/好）"两个指标为轴组成矩阵，可以将创意放在相应的位置进行对比。可行性高且效果好的创意就是最佳方案。对于效果好但可行性低的创意，需要思考是否值得投入时间去尝试，或者思考如何解决可行性低的问题。在思考解决方案的时候，必须提出具体的措施。

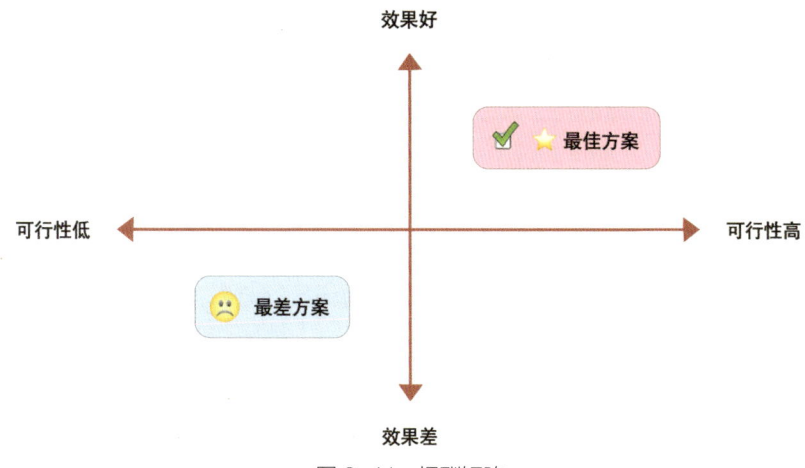

图 2-41　报酬矩阵

如图 2-42 所示，一家饭店考虑提升销售额，报酬矩阵显示限期优惠券和晒单送饮料的方案效果较好，而重新装修饭店的方案效果最差。

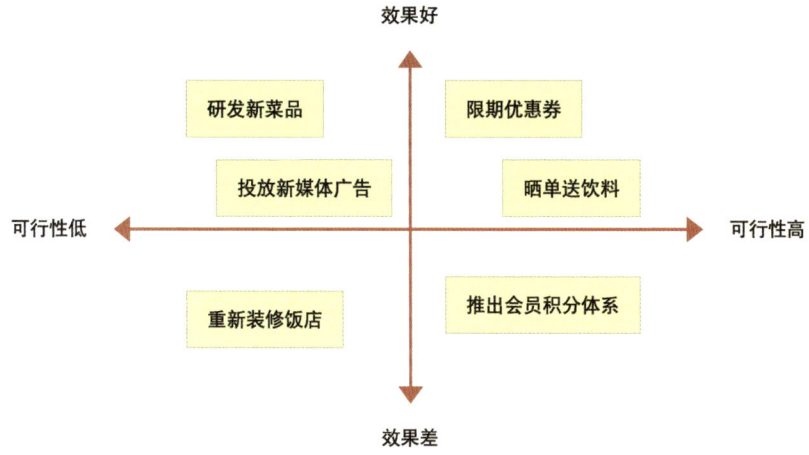

图 2-42　某饭店考虑提升销售额的报酬矩阵分析

3）决策矩阵

当需要考虑的因素较多时，可以使用"决策矩阵"进行结构化决策。决策矩阵是一种基于多个指标对解决方案评分，并通过加权计算总分辅助决策的工具。它能帮助我们在多个选项中做出更为合理的选择。具体操作时，可将解决方案列于第一列，评估指标置于第一行，并为每个指标分配权重，最后根据权重和评分计算各方案总分。

常见的决策维度包括：创新性、成本、收益、可行性、人力资源、财务指标、物资储备、技术储备、市场规模、差异化、发展潜力、风险、意外因素、可信度与实用性等。

例如，某企业针对如何提升营业额展开了研讨，从4P框架入手，拟定了创新性（权重2）、可行性（权重1）、收益（权重2）、差异化（权重3）四个维度，构建了如下表所示的4×4决策矩阵：

	创新性（2）	可行性（1）	收益（2）	差异化（3）	总分
研发新产品（Product）	5	3	4	2	27
降价促销（Price）	3	5	2	1	18
发展新的渠道（Place）	4	3	3	4	29
加大广告投放（Promotion）	2	4	2	3	21

从上表可知，发展新渠道的总分最高，应首先考虑该方案。研发新产品的总分第二，也可以作为备选方案。

4）四维决策法

四维决策法是常用的决策辅助工具，通过站在决策广度、高度、深度及时间维度来思考备选解决方案。如图2-43所示，四维决策法是指：

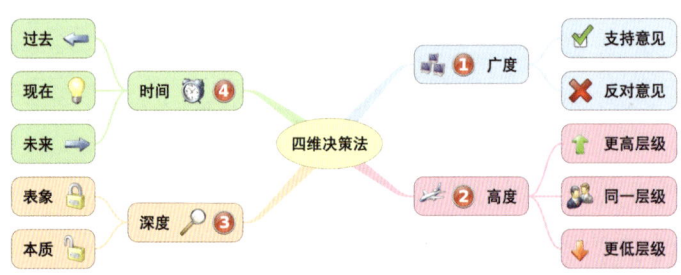

图2-43 四维决策法思维导图

- **决策广度**：这指的是从正反两方面来衡量解决方案。可以先找几个支持这个方案的数据或案例，再试着找几个反对这个方案的数据或案例。避免落入"倾向证据"的陷阱。
- **决策高度**：这指的是从更高层级、同一层级、更低层级三种视角来衡量解决方案。职场上，尤其需要警惕"局部最优陷阱"——不同层级人员受岗位立场局限，易专注局部利益而忽视全局效益。
- **决策深度**：这指的是穿透表象直击本质内核来判断方案效力。要避免"头痛医头，脚痛医脚"的对策，警惕治标不治本的解决方案。短期措施虽即时见效，但可能导致问题周期性复发。
- **时间维度**：这指的是站在过去、现在、未来三个坐标来衡量方案。思考如果身处过去，你会不会选择这个方案？如果着眼未来，这个方案是否依旧有效？这样不仅可以有效预防"刻舟求剑"式的方案，同时还可以最大限度地避免做出短视的决策。

5）成本效益分析

成本效益分析（Cost-Benefit Analysis）：一种评估投资项目价值的方法，通过比较项目的全部成本和效益来评估其价值。具体包含以下维度：

图 2-44　成本效益分析思维导图

- **研发成本（Development Costs）**：涉及产品研发全过程的

成本，一般包括需求规划、开发测试、实施部署等环节的相关费用；
- 运营成本（Operational Costs）：项目实施后持续产生的维护性支出，主要包括日常行政管理、基础设施租赁、生产设备运维、人员薪酬及承包商服务费用等；
- 资本成本（Capital Costs）：项目所需的资金运作投入，涵盖固定/非固定资产购置及资本使用的综合成本；
- 重复性成本（Recurring Costs）：周期性产生的持续性运营开支，如常规维持运营的水电、租金等费用；
- 非重复性成本（Non-recurring Costs）：仅出现一次的独立支出项目，包括前期筹备成本、专项活动执行费用及法定准入资质申办费用等；
- 有形利益（Tangible Benefits）：可量化评估的实际经济回报，用于衡量决策或投资带来的直接财务效益；
- 无形利益（Intangible Benefits）：难以货币化但具有战略价值的成果，如品牌溢价、知识产权增值、企业商誉提升等。

本节回顾：

- 高效分析和解决问题的第四步，是抉择方案——提前推演选择最佳的方案。
- 做出决策的前提是定义好标准。
- 做决策时要避免落入常见的决策陷阱。
- 常用的决策工具：利弊均衡表、报酬矩阵、决策矩阵、四维决策法、成本效益分析。

五、拟定计划：分级拆解，风险预控

通过前四个步骤，我们已经界定了问题，找出了根本原因，设想了若干可能的解决方案，并根据现有资源状况做出了最终决策。下一阶段便是制定具体的方案。

1.计划的底层逻辑——化繁为简，分而治之

计划的本质在于目标拆解。通过将复杂的目标化繁为简，拆解成若干相对容易的小目标，再循序渐进地逐一推进，最终实现整体目标。在计划的执行过程中，还应专注于阶段性目标，完成每个单元任务后须及时校准执行方向，发现偏差立即修正。

如果说复盘是对已发生事件的回顾和梳理，那么制订计划则类似于沙盘推演——即对未来可能出现的各种情况进行预测。通过识别所有潜在风险，提前做好应对预案，确保计划顺利实施。

虽然人们常说"计划赶不上变化"，但需要注意的是，如果没有提前制订计划，我们甚至无法感知变化，也就没有办法做出及时的应对和调整，最终将导致目标无法实现。

计划的必要性源于人类的心理认知特性：面对过于宏大的目标时，即便投入大量资源也难以观察到显著进展，这种付出与反馈的非对称性容易引发心理倦怠与信心消减。以减肥计划为例，如果一开始就设定一年减重50斤的宏大目标，短期内难以观察到体态的改变，极易产生自我怀疑，从而形成恶性循环，导致减肥失败。反之，若将目标调整为每周减重250克，通过可量化、可验证的微小胜利持续强化信心，则更易建立良性激励机制，最终一步一步实现目标。

2.常用的计划制定工具

1) WBS分解

WBS（Work Breakdown Structure，工作分解结构）是将项目可交付成果逐层分解为更小、更易管理的任务单元的系统化方法，形成树状结构图。

WBS分解三大核心特征：

- 100%原则：上层任务总和必须完全覆盖下层所有工作；
- 结果导向：以可交付成果而非活动过程为分解依据；
- 独立可控：每个工作包（Work Package）有明确边界与责

任人。

如图 2-45 所示，某企业 CRM 系统升级项目的 WBS 分解如下：

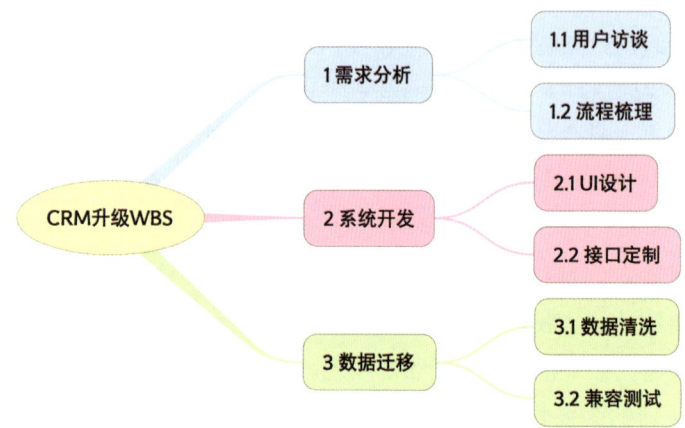

图 2-45　某企业 CRM 系统升级项目的 WBS 分解思维导图

如图 2-46 所示，在进行 WBS 分解时可以参考 5W1H 框架，进一步细化每项工作：

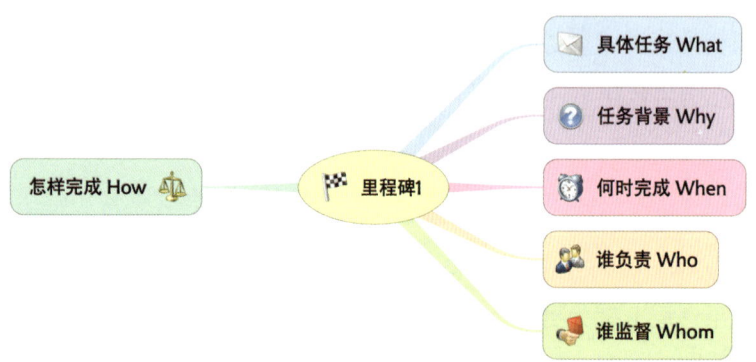

图 2-46　用 5W1H 框架细化 WBS

2）RACI 矩阵

如图 2-47 所示，RACI 矩阵（Responsibility Assignment Matrix），常被用于明确项目中四种关键角色：

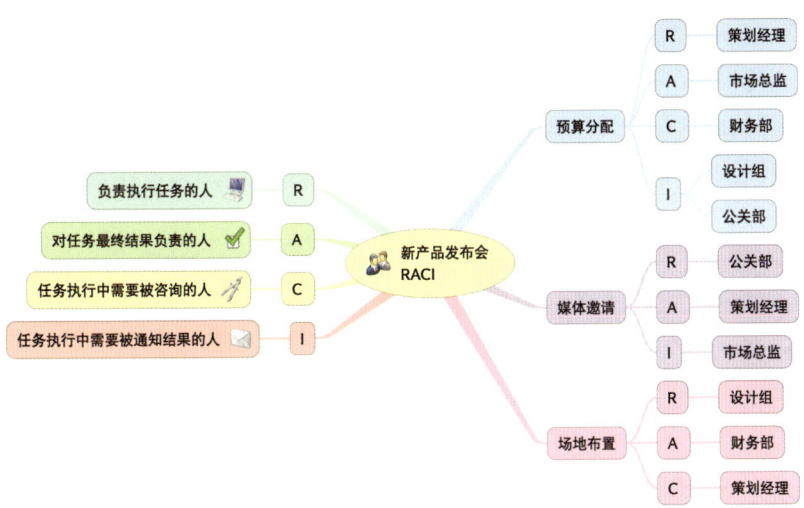

图 2-47　RACI 矩阵思维导图

- 执行者（Responsible，R）：负责执行任务的人或团队，他们需要完成具体的工作；
- 负责人（Accountable，A）：对任务最终结果负责的人或团队，他们需要确保任务完成，并对结果负责；
- 专家、顾问（Consulted，C）：在任务执行过程中需要被咨询的人或团队，他们提供必要的信息或专业意见；
- 知情者（Informed，I）：在任务执行过程中需要被通知结果的人或团队，他们需要了解任务的进展和结果，但不需要直接参与任务的执行。

例如，某企业策划新品发布会的 RACI 矩阵如下：

任务 / 角色	市场总监	策划经理	设计组	公关部	财务部
预算分配	A	R	I	I	C
媒体邀请	I	A	–	R	–
场地布置	–	C	R	–	A

3）风险矩阵

风险矩阵（Risk Matrix）是通过二维坐标系统对风险等级进行可视化评估的管理工具，以可能性（概率）和严重性（影响）为坐标轴，帮助我们更好地识别计划推进中可能遇到的风险。构建风险矩阵分为三步：

第一步：明确定义风险

通过风险定义表，明确定义风险造成的影响级别。

风险级别	对应描述
很低	
低	
中	
高	
很高	

例如，某公司针对某个研发项目进行了相应的风险定义：

- 很低：获利小于 100 万；
- 低：获利小于 50 万；
- 中：盈亏平衡；
- 高：损失超过 10 万；
- 很高：损失超过 50 万。

第二步：明确定义风险发生的概率

通过概率定义表，明确定义风险发生的概率。

概率级别	对应描述
很低	
低	
中	
高	
很高	

例如,针对地震发生的频率来定义:

- 很高(>10 次 / 年);
- 高(2~10 次 / 年);
- 中(1 次 /2 年);
- 低(1 次 /5 年);
- 很低(<1 次 /10 年)。

第三步:将风险填入矩阵中相应的位置

将发现的风险,依据其发生概率和造成影响的级别,填写到风险矩阵中。

风险概率识别表		影响级别				
		很低	低	中	高	很高
概率	很低					
	低					
	中		A			
	高					B
	很高					

如上表所示,风险 A 发生的概率为中,造成的影响为低;风险 B 发生的概率为高,造成的影响为很高。

4)甘特图

甘特图(Gantt Chart)是以时间轴为基准的任务管理工具,通过横向条形图直观展示任务的起止时间、进度及依赖关系,由亨利·甘特(Henry Gantt)于 1910 年发明,被誉为项目管理三大基石工具之一。

传统的甘特图通常使用 Project、Excel 等工具来绘制,而现在主流的思维导图软件基本都已整合了甘特图的功能。只需要在思维导图的主题上,添加相应的开始时间、结束时间、依赖关系、责任人等信息后,就可以自动生成甘特图。

例如，某个软件研发项目的计划，以表格的形式呈现：

任务名称	开始时间	结束时间	持续时间（工作日）
需求分析	2025-02-25	2025-03-07	9
UI/UX 设计	2025-03-10	2025-03-21	10
前端开发	2025-03-07	2025-03-21	11
后端开发	2025-03-07	2025-03-14	6
集成测试	2025-03-14	2025-03-28	11
正式上线	2025-04-01	2025-04-01	1

绘制成思维导图后，可以方便地转换成甘特图：

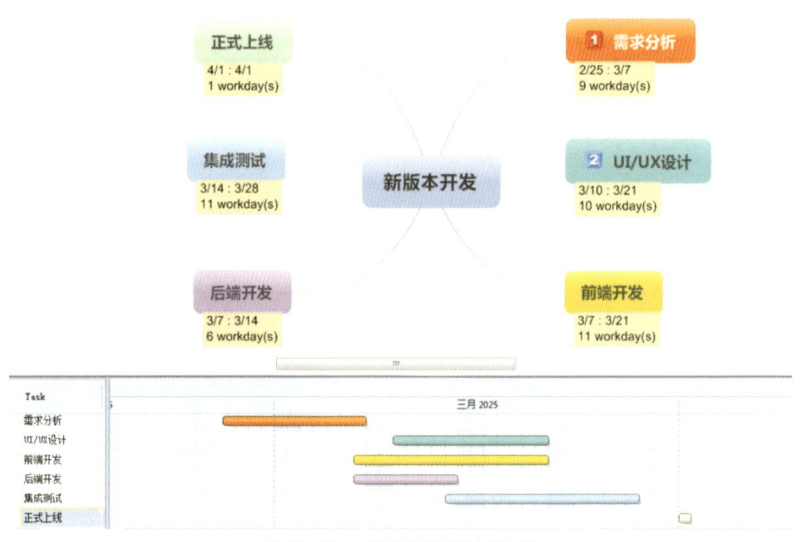

图 2-48　思维导图及甘特图

本节回顾：

- 高效分析和解决问题的第五步，是制订计划——为各类风险准备好应对预案。
- 制订计划的本质——化繁为简、分而治之。
- 计划赶不上变化，但如果没有计划，那可能连变化都无法察觉。

- 常用的计划制定工具：WBS 分解、RACI 矩阵、风险矩阵、甘特图。

六、落地执行：闭环迭代，动态纠偏

通过前五个步骤，我们距离最终解决问题只有一步之遥，这最后一步是最关键的一步。正如前面所提到的，再好的计划也离不开到位的执行。我们需要经常检查计划的执行情况，如果发现了偏差，就需要采取相应的预案及时纠偏，从而确保执行到位。

1. 执行的底层逻辑——明确目标，定期校准

执行的过程和结果同样重要。想要获得好的结果，关键在于把控好执行的过程。我们需要时刻保持专注与耐心，不断调整策略以应对可能出现的问题。每个细节都可能影响最终的结果，因此，严谨的态度和高效的执行力不可或缺。同时，我们还应学会在过程中总结经验教训，以应对未来挑战。

在第一章中我介绍了 SMART 目标设定法，在落地执行时首先要明确好执行的目标是什么，这一目标应当遵循 SMART 原则。

案例：销售团队目标

目标：在接下来的三个月内，每位销售人员的季度销售额提升 10%，维持 90% 以上的客户好评率。

- S（明确具体的）：明确聚焦销售额提升和客户满意度两个维度。
- M（可衡量的）：销售额增长 10% 和满意度 >90% 均为量化指标。
- A（可实现的）：基于历史数据，10% 的增幅在资源支持下可行。
- R（相关的）：直接关联公司营收增长与客户关系维护的战略目标。
- T（有时限的）：三个月为明确周期。

符合 SMART 原则的目标,可以让我们在执行过程中及时分析结果是否达到预期,如果有偏差就可以及时干预,避免临近最后时限才设法补救。

2. 常用的执行工具

1) PDCA 循环

PDCA 循环是一种经典的持续改进模型,由美国质量管理专家威廉·爱德华兹·戴明(William Edwards Deming)宣传、普及,因此也被称为"戴明环"。它通过四个阶段的循环迭代,帮助组织实现质量管理、流程优化和问题解决,适用于业务管理、项目管理和质量控制等领域。如图 2-49 所示,PDCA 是指:

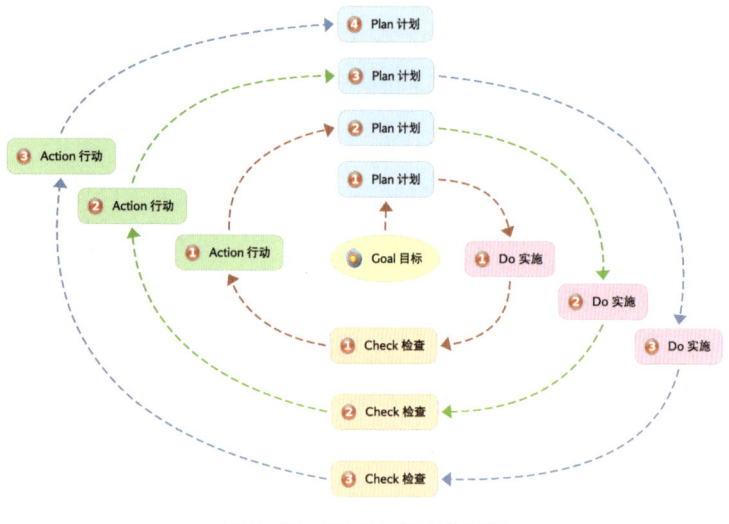

图 2-49 PDCA 循环的展示

计划(Plan,P):

目标设定:明确需要改进的目标或问题,设定具体、可衡量的目标。

制订计划:根据分析结果,制订详细的改进计划,包括策略、方法、资源分配等。

实施（Do，D）：

实施计划：按照计划执行改进措施，将计划付诸实践。

收集数据：在执行过程中，收集相关数据和信息，为后续的检查和分析提供依据。

检查（Check，C）：

评估结果：将执行结果与计划目标进行比较，呈现偏差。

原因分析：分析问题产生的原因，找出产生偏差的问题所在。

总结经验：总结执行过程中的经验和教训，为下一步的行动提供参考。

行动（Action，A）：

标准化：如果改进措施有效，将其标准化，纳入日常管理流程，确保持续执行。

调整计划：如果发现偏差或问题，调整原有的计划和策略，制定新的改进措施。

持续改进：将PDCA循环视为一个持续的过程，不断进行下一轮的计划、实施、检查和行动，以实现持续改进和优化。

PDCA循环的特点在于持续循环迭代。首先围绕目标开始第一轮迭代：计划、实施、检查、改进行动；针对发现的问题进入第二轮迭代：计划、实施、检查、改进行动；如果还有问题则继续第三轮迭代：计划、实施、检查、改进行动。

2）4WMP框架

4WMP是确保工作有效执行的框架，如图2-50所示，4WMP是指：

- 做什么（What，W）：明确要执行的是哪项工作；
- 何时完成（When，W）：明确该项工作的最后期限；
- 谁负责（Who，W）：明确谁来负责这项工作，把责任落实到具体的执行人；

- 谁监督（Whom，W）：明确谁来监督落实及相应的奖惩机制，确保执行和监管到位；
- 完成标准（Metrics）：明确该项工作完成的标准。对于可量化的目标，一定要有明确的指标。而对于难以量化的目标，则可以设定一些达成的间接标准；
- 跟进流程（Process）：明确在该项工作执行的过程中，如果遇到了问题应当怎样处理。

图 2-50　某品牌周年庆促销方案 4WMP 思维导图

本节回顾：

- 高效分析和解决问题的最后一步，就是高效落地执行。
- 高效执行的本质——明确目标，定期校准。
- 执行前应确保目标符合 SMART 原则。
- 常用的执行工具：PDCA 循环、4WMP 框架。

本章总结

1. 想要在职场中高效完成工作，核心在于提升解决问题的能力。
2. 遇到问题时，应当三思而后行，避免因轻率行动而导致难以预料的后果。
3. 问题分析与解决的六步法：界定问题、归因溯源、建构方案、抉择方案、拟定计划、落地执行。前四步重点在分析问题，后两步则关注解决问题。

4. 问题（Problem）是指现状与预期之间的偏差，为了消除这种偏差，我们需要设定一个具体的课题（Question），并设法找到答案（Answer）来解决它。
5. 职场上三类常见的问题包括：恢复常态型、追求目标型、防范风险型。其中，恢复常态型属于应对现状，追求目标型和防范风险型则属于面向未来。
6. 归因溯源是分析问题的形成原因，并找出起决定性作用的根本原因。在分析过程中，应当尽可能遵循 MECE 原则（不重不漏）。
7. 建构方案时，我们应当尽可能左右脑并用，既要确保方案的逻辑性，又要通过尝试各种创意和灵感来创造性地解决问题。
8. 选择方案时应当先确定好标准，避免落入常见的决策陷阱。
9. 拟定计划时应当遵循化繁为简、分而治之的原则。尽可能识别各种潜在风险，并提前做好预案。
10. 落地执行的关键在于明确目标，定期校准方向。详细记录执行过程将有助于后续的复盘及分析。

自测详解

1》你是某软件项目的负责人，1.0 版本上线后的市场反响未达到预期。为了找出问题所在，你召集项目组核心成员开会讨论。以下哪些做法，有助于更好地找出问题的原因？

A. 要求参会者回顾 1.0 版本的目标，找出现状和预期目标之间的偏差。
（正确，所谓问题即现状与预期之间的"偏差"。在着手解决前，界定问题是非常有必要的。）

B. 要求参会者基于 6W3H 框架，全面描述发现的问题。
（正确，基于 6W3H 框架，有助于从多个角度更全面地描述问题，避免忽略重要信息。)

C. 要求参会者对发现的问题，至少追问五次为什么。

（正确，这是5Why分析法，有助于参会者触及问题的本质。需要注意的是，5只是一个参考值，使用时可以根据实际情况灵活调整。）

D. 要求参会者充分发挥创意，以头脑风暴的方式讨论解决方案。

（不建议，在问题原因还没确定前，就考虑解决方案，有些操之过急了，很可能会白费功夫。）

2. 为了获得创意灵感，团队将定期举行头脑风暴会议。你认为以下哪些方式，可以提升头脑风暴的效果？

A. 邀请专家、权威人士、领导一起参加头脑风暴，并请他们先发言。

（错！这样做的后果是其他人不敢再发言，或者大家都顺着这些人的思路发言。对于头脑风暴来说，这是严重的干扰！）

B. 邀请其他部门的同事一起参加。

（对，这样有助于增加更多不同的立场和视角，更容易碰撞出新的创意。）

C. 设定头脑风暴的阶段，每个阶段规定好时间，结束后统计每个阶段创意的数量。

（对，头脑风暴中数量非常重要，分成多个阶段有助于及时统计数量，并能让大脑有休息调整的时间。）

D. 有人发言时，其他人不许评价。

（对，这条是头脑风暴的铁律，必须严格遵守！评价指的是赞成或反对，即使是赞成也不应该说出来，因为这样也会对其他人造成干扰和影响。）

E. 使用便利贴，先将创意记录在便利贴上，随后统一贴到白板上。

（也许正确，但是要记得每隔一段时间就整理一下，否则你会发现整理这些便利贴会耗费大量时间和精力。最好还是用思维导图软件。）

第三章

无声佳酿，
开坛有方

用思维导图高效
汇报工作价值

自测问题

1》你负责的项目在推进中遇到了一些问题，经过你的努力协调，基本控制了局面。下周你要向领导汇报，你认为在准备汇报的过程中，以下哪些可以作为汇报目标？

A. 向领导汇报项目进展。
B. 使领导对当前项目管理状态放心，重视资源缺乏问题，并批准额外预算申请。
C. 向领导汇报最近出现的问题。
D. 使领导认可我控制事态的能力，并赞同我的下一步处理方案。

2》你是公司的产品部门负责人，正在为新入职的员工进行"高效工作汇报"的培训。你希望他们在以下哪些场景对你进行汇报？

A. 在你给他们安排一项新的工作任务后。
B. 当他们负责推进的工作有新的进展时。
C. 当他们负责推进的项目遇到麻烦时。
D. 在他们每天的工作结束之后。

3》你的一位潜在客户刚刚更换了对接人，新的对接人约你明天去给他们介绍一下当前项目的进展情况。你打算从以下哪些方面来准备这次汇报？

A. 继续沿用此前的汇报材料。
B. 通过之前的对接人，了解新对接人的情况，分析其可能关注的点。
C. 搜集新对接人的信息，判断其可能的立场。
D. 设法在汇报前与新对接人取得联系，了解其对当前项目信息的掌握情况。

4. 你是公司的项目经理,正在准备向公司高管们进行月度项目汇报,你认为以下哪些内容是汇报中必须包含的?

A. 详细的项目进度报告,包括已完成的工作和未来的里程碑。
B. 对当前项目风险的评估及应对措施。
C. 团队成员的表现评价和个人成长计划。
D. 对项目预算的使用情况及未来资金需求的预测。

本章导读
酒香也怕巷子深,用汇报展现你的价值

1915 年,茅台酒首次参加了巴拿马万国博览会。虽然茅台的品质很出色,但由于展位被设置在了农业馆,加上酒的包装过于粗陋,所以最初并未引起太多人注意。眼看着展会即将结束,工作人员急中生智,"意外"打碎了一瓶茅台酒,现场顿时酒香四溢,吸引了众人的围观。这一"意外"事件,不仅使茅台酒获得了当年万国博览会金奖,也就此奠定了其世界名酒的地位。

在前面两章里,我们已经了解了怎样通过思维导图找出正确的事,并把它正确地做好。然而在今天的职场大环境下,把事情做好只是成功的基础,你还需要让别人看到并认可你的价值。就好比前面提到的茅台酒,虽然有着卓越的品质,但是如果没有那次"意外",可能到现在都还默默无闻。那么在职场上,我们要如何创造这样的"意外"呢?答案就是把握好每一次汇报的机会,让你的汇报对象感受到你的工作价值。

如果我们把工作**做得好不好**与工作汇报**讲得好不好**这两个维度组合起来,可以得到如图 3-1 所示的二维矩阵:

- **做得好,讲得也好**:毫无疑问,你就是明星员工,等着升职加薪吧;

- **做得好，讲得不好**：天呐！没有比这种情况更可惜的了；
- **做得差，讲得很好**：虽然很不提倡这种行为，但是职场上确实不乏这样的"牛人"；
- **做得差，讲得也差**：小心！你可能上了待优化名单。

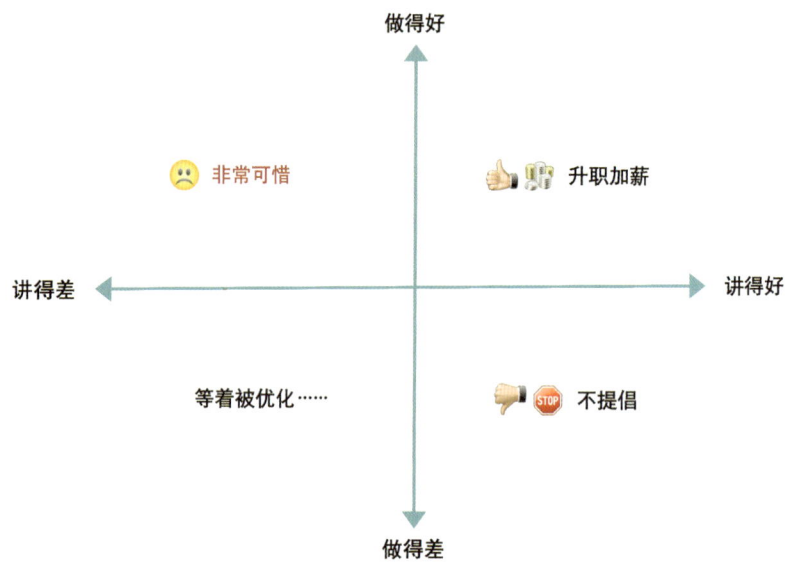

图 3-1　工作结果和汇报成效的二维矩阵

从图上不难看出，在当前这种酒香也怕巷子深的职场环境下，最可惜的就是工作做得好，但讲得不好。本章我们将聚焦怎样通过思维导图来解决这一问题，帮助大家展现自己的"酒香"，告别"非常可惜"，通往"升职加薪"。

阅读完本章后，你将了解到：

- 在哪些情况下，需要进行汇报？
- 怎样设定好你的汇报目标？
- 怎样深入了解你的汇报对象？
- 怎样针对不同汇报对象，设计出有效的汇报"路线图"？

- 怎样根据不同场景，选择合适的汇报"工具"。

一、积极主动，时刻准备：识别职场中的高频汇报场景

汇报可以说是职场上最重要的一件事，我们不能被动等着领导来询问你的工作进展，而是需要保持一种积极主动的心态，时刻准备好对相关工作进行汇报。那么职场中哪些场景和时刻需要进行汇报呢？本节将围绕这一问题详细介绍。

如图 3-2 所示，我用一张思维导图梳理了职场上常见的汇报场景：

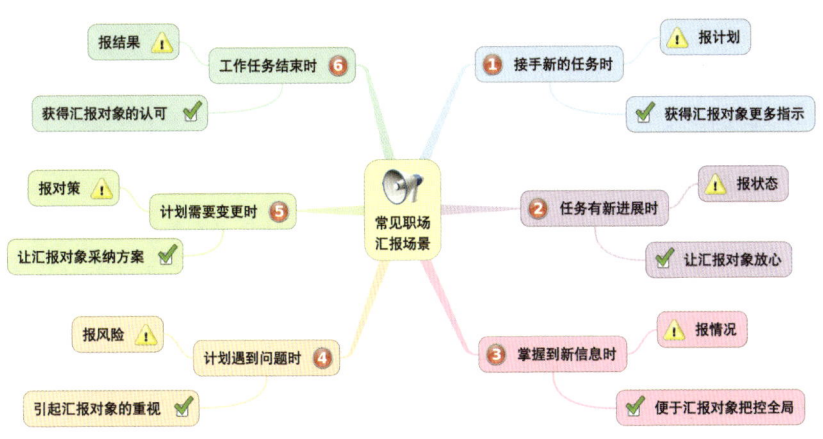

图 3-2　常见的职场汇报场景

1. 接手新的任务时

汇报重点：报计划

汇报目标：获得汇报对象更多指示

当你接手一项新的工作任务时，意味着汇报工作也同步开始了。此时汇报的重点是你的工作计划。而汇报目标则是通过你的汇报，将计划呈现给汇报对象，以便其能给予你更多的反馈和指示，帮助你更深入地了解这项工作，避免方向性错误。

例如，下周有一批重要客户来公司参观，领导安排你来负责接待工作。这时你应该先制订一个初步的接待计划，并第一时间向领导汇

报该计划。通常领导会根据你的计划提出建议，这样你就可以根据收到的反馈来对计划进行相应调整，确保这项工作如期完成。

2. 任务有新进展时

汇报重点：报状态

汇报目标：让汇报对象放心

当你负责的工作任务有了新进展时，需要主动向汇报对象汇报。此时汇报的重点是任务当前的状态。而汇报目标则是通过你的汇报，让相关汇报对象对你的工作放心。

3. 掌握到新信息时

汇报重点：报情况

汇报目标：便于汇报对象把控全局

当你掌握到一些可能影响工作推进的信息时，需要及时向汇报对象汇报。此时汇报的重点是这些新的情况。而汇报目标则是通过你的汇报，让汇报对象知晓相关情况，以便把控全局。

例如，你是一位律师，正在负责的案件获得了新证据，此时你需要尽快和当事人沟通，给出你的判断及对策。

4. 计划遇到问题时

汇报重点：报风险

汇报目标：引起汇报对象的重视

计划在推进过程中遇到阻碍，也是一个重要的汇报场景。此时汇报的重点是当前问题可能引发的风险。而汇报目标则是通过你的汇报，让汇报对象了解计划所遭遇的问题及可能带来的风险，引起其重视并有所准备，避免事态失控。

例如，某个产品的生产一直比较顺利，但是有个供应商突然出现问题，无法按计划交付原材料。此时，你需要尽快让领导知晓这一情况，并考虑是否换备用供应商。

5. 计划需要变更时

汇报重点：报对策
汇报目标：让汇报对象采纳方案

当你发现原计划因无法继续推进而需要做出变更时，需要第一时间向汇报对象汇报。此时汇报的重点是计划需要变更的原因及你的对策。而汇报目标则是通过你的汇报，让汇报对象采纳你的方案。

例如，某个线下市场活动因受到台风天气影响，无法按原计划举行。你的应对方案是将活动改为线上直播，为了正式采用这个方案，你向领导汇报了新方案。经过讨论，大家同意采纳你的方案。

6. 工作任务结束时

汇报重点：报结果
汇报目标：获得汇报对象的认可

当你完成了一项工作任务，不管结果如何，都需要主动向汇报对象汇报。此时汇报的重点是工作的结果。而汇报目标则是通过你的汇报，让汇报对象感受到你的工作有始有终，能形成闭环，从而认可你的工作价值。

例如，前面提到的客户接待工作，当完成接待之后，及时总结经验并主动向领导汇报。让他看到交给你的工作有始有终，逐渐形成你对待工作"事事有着落，件件有回应"的印象，收获领导的认可。

除了上述六种场景之外，定期的例会、述职、评选等也是高频汇报场景。总之，时刻做好准备，以积极主动的心态来面对汇报，才更有可能获得汇报对象的认可，从而体现出你在职场中的价值。

二、以终为始，确立目标：清晰设定你的汇报目标

在上一节中，我们介绍了几种常见的职场汇报场景，并深入分析了每个场景汇报的重点和目标。不难发现，在不同的场景中，汇报的目标大相径庭。如果选错了目标，就有可能导致汇报失败。而汇报失

败的后果，轻则丢失几个客户的订单，重则可能失去领导的信任和支持，最终与升职加薪无缘。

想要避免失败，汇报前你需要进行认真细致的准备，第一步就是**以终为始，确立好汇报的目标**。

1. 汇报目标的两个层次

我们可以将汇报的目标分为两个层次：**浅层目标、深层目标**。

- **浅层目标（公开）**：可以对外公开，放到"明面"上讲的目标；
- **深层目标（隐私）**：通常不会对外透露，是汇报人内心真正想达到的目标。

思考：在以下十个目标中，哪些属于浅层目标，哪些属于深层目标？

- 向领导汇报项目进展。
- 使领导对当前项目管理状态放心，重视资源缺乏问题，并批准额外预算申请。
- 向领导汇报最近出现的问题。
- 使领导认可我控制事态的能力，赞同我的下一步处理方案。
- 向领导汇报财务分析的结果。
- 使领导重视成本上升的问题，并认可我在应对策略方面的周全思考。
- 向领导汇报成本分析的结果。
- 使领导重视原材料成本上升的问题，并认可我在风险应对方面的周全思考。
- 向客户介绍我们的产品和服务。
- 使客户意识到我们可以解决他们的日常工作中的痛点问题。

答案：1、3、5、7、9属于浅层目标，而2、4、6、8、10则属于深层目标。浅层目标只是说明了要做什么事，而深层目标则明确了汇报之后会产生的结果。可以用听完汇报后 _____（汇报对象）会发生/采取 _____（行为/行动）来描述。

如图 3-3 所示，职场上常见的汇报目标包括以下几种：

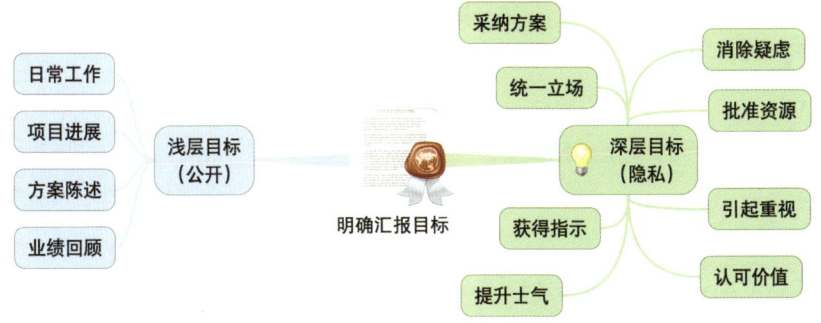

图 3-3　职场上常见的汇报目标

- **统一立场**：让汇报对象明白，你和他同属一个立场，不存在分歧；
- **采纳方案**：让汇报对象考虑并采纳你提出的方案；
- **消除疑虑**：让汇报对象打消对你的疑虑，方便后续各项工作顺利推进；
- **批准资源**：让汇报对象意识到资源不足，同意批准额外资源；
- **引起重视**：让汇报对象意识到问题的严重性，提早做好预案，引起重视；
- **认可价值**：让汇报对象看到你工作的成果，并认可你所创造的价值；
- **提升士气**：助汇报对象振奋精神，提振士气；
- **获得指示**：让汇报对象确认相关内容，并给予相应的指示。

在准备汇报的时候，你需要认真思考深层目标，确保每一次汇报时至少有一个深层目标。另外，当你发现一次汇报有多个深层目标时（超过了三个），也需要做一些取舍或者将其分成几次汇报来实现，以有效避免因目标过多而导致不够聚焦。

2. 汇报目标背后的行为模型分析

前面提到汇报的深层目标，可以用听完汇报后_____（汇报对象）会发生/采取_____（行为/行动）来描述。例如，听完你的汇报后，你的直属上级会采纳你的建议，批准额外的项目资金投入。我们可以通过福格行为模型来进一步分析为什么汇报对象会产生某种行为。

福格行为模型（Fogg Behavior Model）由斯坦福大学的行为科学家B.J. 福格（B.J. Fogg）提出，用于解释人类行为发生。如图3-4所示，它可以用公式B=MAP表示，即当动机（Motivation）、能力（Ability）、提示（Prompt）三要素同时出现的时候，行为（Behavior）就会发生。

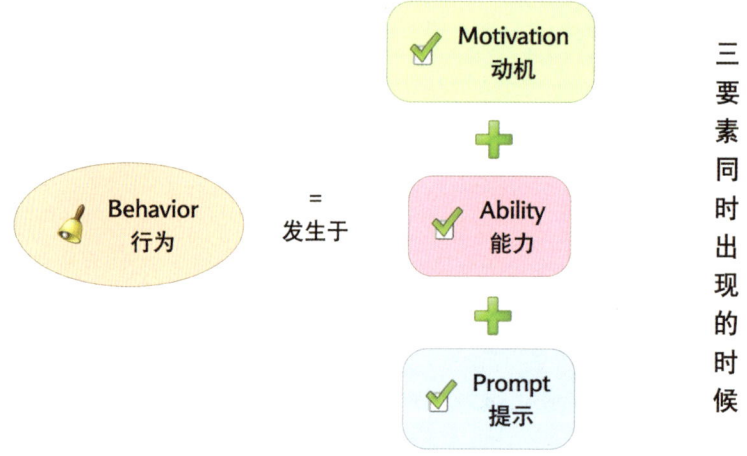

图3-4　图解福格行为模型

动机（Motivation，M）

动机是指做出行为的欲望和内在驱动力。动机通常一直都存在，只是强烈程度不同。汇报时你所要做的，就是尽可能激发汇报对象的动机，让它变得足够强烈。想要做到这一点，需要事先认真分析汇报对象关注的点，围绕这些点来进行设计。

例如，电商平台通常会分析用户的浏览和搜索记录，判断用户可能感兴趣的商品，然后针对性地发送专用优惠券，以此来激发用户的购买欲望，促进业绩提升。

能力（Ability，A）

能力是指做出某个行为所需要具备的条件，它通常会受到诸如金钱、时间、体力、脑力、人脉、习惯等的影响。汇报前我们需要先判断，汇报对象是否具备做出你所期望的行为的能力。如果你发现目标对于能力的要求过高时，就应该设法降低所需的能力。

例如，你发现用户在使用优惠券前，必须先下载安装App，这就增加了用户的使用门槛。为了解决这一问题，你建议公司研发相应的微信小程序，这样用户不需要安装App就能使用。

提示（Prompt，P）

提示是触发行为的信号，它提醒我们在特定的时间或情境下采取行为。汇报时，需要明确给出提示，以提醒汇报对象可以采取行动了。

例如，关于某个项目计划变更的汇报，在确保在场的汇报对象有强烈的动机和能力做出决策后，你需要明确地给出提示，要求汇报对象投票表决是否同意变更。

如图3-5所示，我们可以用福格行为模型来更好地理解汇

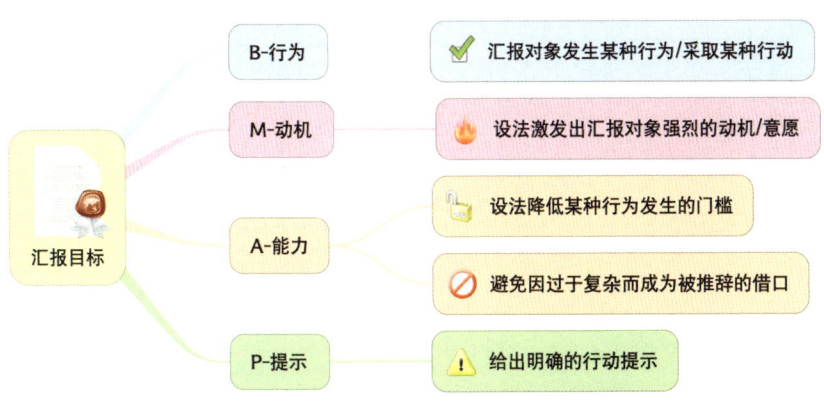

图3-5　用福格行为模型来理解汇报目标

报目标。如果想让汇报对象听完汇报后采取某种行动/产生某种行为，我们需要让他们有强烈的动机、尽可能降低行为的门槛并给出明确的提示，当这三个因素都满足时，行为就会产生，而汇报目标也就达到了。

三、知己知彼，百战不殆：深入分析你的汇报对象

想要达成你的深层汇报目标，首先需要深入地了解你的汇报对象，"想其所想，投其所好"。先分析他们所关注的点，然后选择针对性的内容进行汇报。本节将从汇报对象的行为动机、性格类型、偏好的沟通方式、所处的立场、所掌握的信息半径等维度切入，帮助你更好地描绘他们的"画像"，为后续设计汇报路线图做准备。

1. 分析汇报对象的动机

前文中提到的福格行为模型中，第一个要素就是动机（Motivation，M）。当我们准备一场汇报时，首先需要搞清楚汇报对象的动机，这样才能从他们真正关心的点切入，避免浪费彼此的时间。想要做到这一点，可以使用 WIIFY 利他思维模型。

WIIFY 是 "What's in it for you？" 的首字母缩写，即 "**你能从我要讲的（汇报、演讲、陈述）中获得什么价值？**"，由美国著名的演讲教练杰瑞·魏斯曼（Jerry Weissman）提出，旨在通过回答听众的一个核心问题："你能从我要讲的中获得什么价值？"，让听众意识到接下来要讲的内容，听了会有什么收益（**趋利**），不听会有什么损失（**避害**），从而激发他们继续认真听下去的兴趣。

而作为汇报者，你需要切换到汇报对象（听众）的视角思考 "WIIFM，What's in it for me？"，即 "**这对我有什么用？**"，来找出他们的动机和需求点。

如图3-6所示，当你分析汇报对象的动机时，WIIFY 模型将有助于你找到答案。例如，如果汇报对象是你的老板，他的关注点可能是：你要汇报的事情，能否带来销售数据的增长，流程效率的提升，项目

推进的加速；如果汇报对象是你的客户，那么他关注的可能是：你所推荐的产品，能否帮助他提升工作绩效？降低经营成本？提升客户满意度？

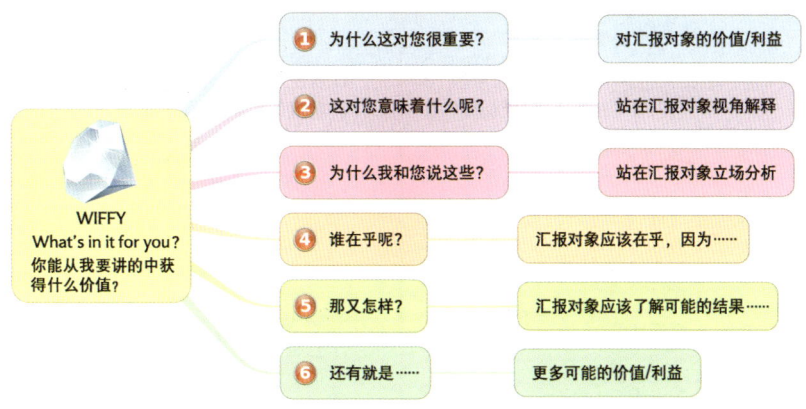

图 3-6　用 WIIFY 模型来寻找动机

2. 分析汇报对象的性格类型

DISC 分析是一种广泛使用的性格测评工具，它基于威廉·莫尔顿·马斯顿（William Moulton Marston）在 1928 年提出的理论，旨在通过分析个体的行为特征来预测其工作表现。

如图 3-7 所示，汇报前我们可以通过 DISC 分析来加深对汇报对象的了解，这里主要关注两个维度：1）汇报对象关注事还是关注人；2）汇报对象倾向于直接，还是间接。

支配型（Dominance，D）

D 型也被称为指挥者，代表动物老虎。这类人重视结果导向，通常具备很强的行动力。汇报时应尽可能开门见山、直截了当。建议侧重汇报"结果是什么（What）"，方便汇报对象掌握情况。

影响型（Influence，I）

I 型也被称为影响者，代表动物孔雀。这类人通常以人为本，待人友善，属于乐观的社交者。汇报时应关注与人相关的信息。建议侧重汇报"是谁、对谁（Who、Whom）"，让汇报对象感受到你也非常关注他人感受。

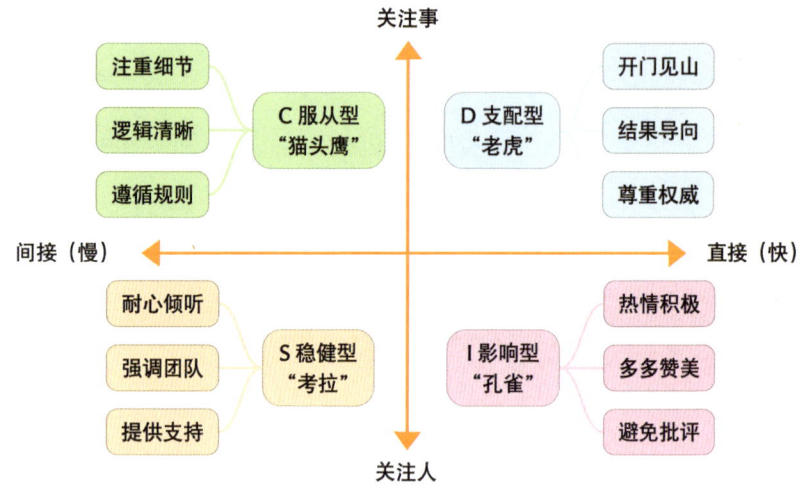

图 3-7　用 DISC 模型来分析汇报对象

稳健型（Steadiness，S）

S 型也被称为支持者，代表动物考拉。这类人注重程序及逻辑，善于分析和思考，关注细节。汇报时应多关注流程及分析推导的过程。建议侧重汇报"怎样做（How）"，让汇报对象感受到你也注重逻辑分析和思考。

服从型（Compliance，C）

C 型也被称为思考者，代表动物猫头鹰。这类人讲究事实、数据，通常对事不对人。汇报时应多关注事情本身，而不用涉及人。建议侧重汇报"为什么（Why）"，以获得汇报对象的支持。

3. 分析汇报对象的沟通偏好

VAK 模型是心理学中用来描述个体学习和感知方式的理论，它包括三种主要的信息接收和处理方式：视觉（Visual）、听觉（Auditory）

和动觉（Kinesthetic）。VAK 模型认为，每个人对这三种方式会有不同程度的偏好，了解人们偏好的方式可以帮助我们更有效地与之交流。

- 视觉（Visual，V）：视觉型个体倾向于通过看和观察来接收信息。他们更喜欢图像、图表、图像和其他视觉辅助工具，通常使用颜色、形状和空间来组织和理解信息；
- 听觉（Auditory，A）：听觉型个体倾向于通过听和倾听来接收信息。他们更喜欢通过口头解释、对话、演讲和音频材料来学习和理解，通常借助声音、节奏、语气的变化来帮助记忆和理解；
- 动觉（Kinesthetic，K）：动觉型个体倾向于通过身体运动和触觉来接收信息。他们更喜欢通过实际操作、实践经验和亲身体验来学习并增强理解。

汇报前，我们可以通过 VAK 模型分析来加深对汇报对象的了解，并针对性地加强汇报中相应形式的比重。例如，面对视觉型的汇报对象，在汇报时最好提前打印一份材料送到他手里，并且在幻灯片中尽可能减少文字而多用图片、图表、图形等元素；而遇到动觉型的汇报对象，可以在汇报时动手演示一遍，并邀请他亲自操作体验。

VAK 模型还可以扩展成 VAKOG，即增加了嗅觉（Olfactory，O）、味觉（Gustatory，G）。例如，你的汇报对象喜欢喝咖啡，那么你在汇报时准备一杯咖啡，或者约他到咖啡店里沟通都是比较好的选择。

4.分析汇报对象的立场

了解汇报对象的立场将更有助于你达成汇报目标，如图 3-8 所示，我们可以从"权力高低"和"支持与否"两个维度来进行分析。

- 权力高低：根据汇报对象的职位高低，以及对你达成汇报目标的影响力大小来判断。

- 支持与否：根据汇报对象对于你的汇报目标持什么态度来判断。通常分为：支持、中立、反对。

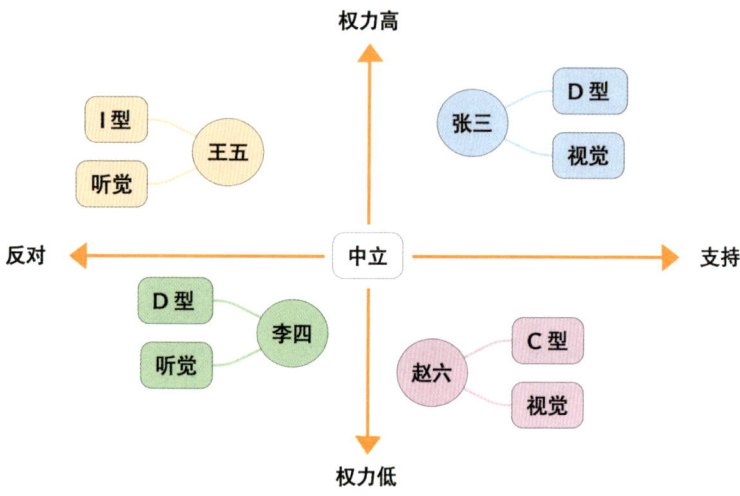

图 3-8　分析汇报对象的类型及立场

好的汇报策略：

1）尽可能获得权力高的汇报对象的支持；
2）争取把权力高的中立者，转变为支持者；
3）设法把权力高的反对者，转变为中立者。

那么我们怎样知道汇报对象是否支持我们呢？显然，直接向其询问肯定不是一个好办法，一来会显得很突兀；二来就算汇报对象口头上说支持，心里是否真正支持还不好说。要想知道汇报对象的立场，需要我们"换位思考"。

你可以站到对方的角度，换位思考以下问题：

- 他的浅层目标、深层目标分别是什么？
- 你想要推动的这个项目，是否有助于他实现深层目标？如果有帮助，是否能将其放大？
- 你想要推动的项目，是否会阻碍他实现深层目标？如果会阻碍，是否有规避或减少损害的可能性？
- 他以往是否有支持或反对类似项目的经历？如果有，是否能了解当时他这样做的理由？

例如，你正在推动一个项目立项，为了得到大家的支持，需要对主要干系人进行一次汇报。根据目前你所掌握的信息，分析后得出张三和赵六比较支持，而李四和王五则持反对意见。基于刚刚提到的权力高低、支持与否这两个维度，我们可以绘制出如图3-8所示的思维导图。基于图上的内容，你在汇报时需要重点关注王五，因为他的权力高于李四，如果能让他的立场从反对转为中立或支持的话，则能带来更大的影响力。

5. 分析汇报对象的信息半径

想要避免汇报中出现"对牛弹琴"的情况，你需要分析汇报对象关于你所要讲的内容的了解情况。这就好比大家平时追剧，每一集开始前都会有一个"前情提要"，来帮助大家回忆过往的剧情。

汇报前，如果大家对你要讲述的内容已经比较熟悉了，那么只需要简单做下"前情提要"即可。反之，则需要花一些时间，确保大家在同样的信息背景下沟通。想要更好地掌握这一情况，我们可以通过乔瑟夫·勒夫特（Joseph Luft）和哈里·英汉姆（Harry Ingham）提出的**乔哈里视窗（Johari Window）**来进行分析。

如图3-9所示，乔哈里视窗将信息划分为"自己知不知道"和"别人知不知道"两个维度来进行分析：

- **公开区域**，即沟通双方均了解的区域，沟通时双方更容易在同一频道，便于达成预期的沟通目标。这一区域要尽可能扩大。
- **隐私区域**，即你知道但对方不知道的区域，容易在沟通过程中产生信息差，不利于达成沟通目标。可以通过主动向对方提供更多信息来减少这一区域。

- **盲点区域**，即你自己不知道但对方很清楚的区域，同样不利于达成沟通目标。可以通过向周围的人虚心请教来缩小这一区域。注意在谈判的场景中这个区域往往会导致你被动，应提早做好应对措施。
- **未知区域**，即双方均不了解的区域，可能会对沟通产生很大的影响，在实际工作场景中双方都应尽量避免进入这一区域。

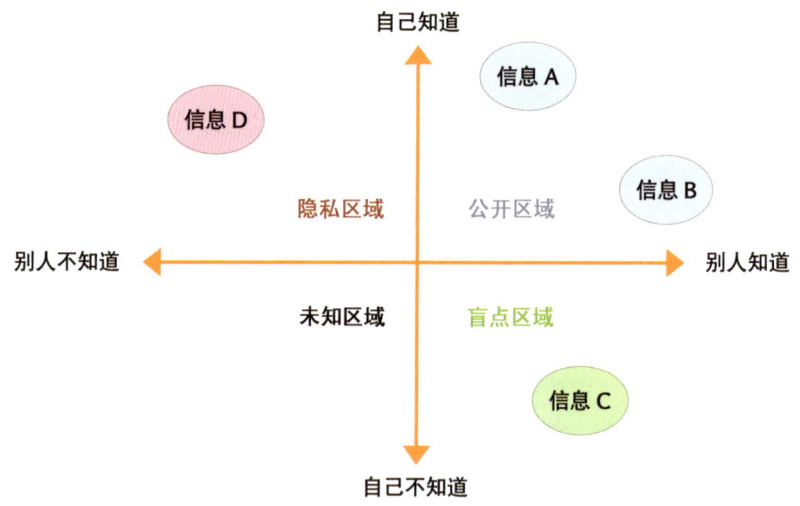

图 3-9 用乔哈里视窗来分析汇报对象掌握的信息半径

汇报时，应尽可能围绕双方都了解的公开区域内的信息进行。避免进入其他三个区域中，否则就有可能因为信息不对称，而无法达成预期目标。例如，一位研发人员正在向公司高层汇报新发布的产品情况。通常大家关注的点都聚焦在下载量、用户日活、交易流水等关键业务指标上。但这位研发人员却光顾着汇报一些开发过程中的技术细节，对于现场的参会人员来说无异于是在听天书，这种自己知道别人不知道的信息，很容易让汇报陷入麻烦。

想要扩大公开区，你可以在汇报前先发送一些资料，让汇报对象提前了解相关背景信息。或者你也可以在一些非正式的场合，提前和汇报对象进行一些交流，设法从他那里获得一些他知道但你不知道的信息，消除信息差。

四、因地制宜，因人而异：设计你的汇报路线图

如果我们已经明确了汇报的目标，也深入分析了每一个汇报对象的情况。那么接下来，我们就可以准备设计汇报路线图了。所谓路线图，就是怎样把你想说的，变成他们想听的，从而一步一步达成你的汇报目标。

如图 3-10 所示，我们可以使用 ABC 模型来设计汇报路线图，即你希望 ＿＿＿＿＿＿＿＿（A 汇报对象）听完汇报后，会发生/采取 ＿＿＿＿＿＿＿＿（B 行为、行动），因此你需要准备 ＿＿＿＿＿＿＿＿（C 内容、素材）。

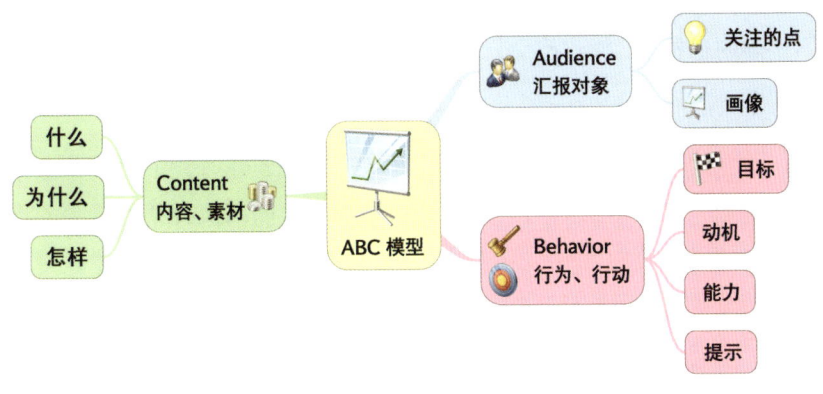

图 3-10 ABC 模型

汇报对象（Audience，A）

知己知彼方能百战不殆，只有搞清楚了汇报对象的动机、关注的问题、性格特征、沟通偏好、所处立场、信息半径等情况，才有可能设计出有针对性的汇报路线图。

行为、行动（Behavior，B）

以终为始，搞清楚你汇报的目标是什么。通常来说就是汇报完之

后，希望汇报对象采取某种行动、认可某种行为、形成某种共识、改变某种态度等。而这些都离不开福格行为模型所提到的三要素：动机、能力、提示。

内容、素材（Content，C）

当我们分析完上述的 A 和 B 之后，你就会发现每个 A 都有其独特性，所以并不存在放之四海而皆准的方法。唯有因人而异、因地制宜地准备相应的汇报内容和素材，才能实现你的汇报目标。通常需要考虑以下三点：

1）准备汇报什么（What）

你准备汇报什么内容，取决于你的汇报对象想听什么。 大部分失败的汇报，都没有做好这点，汇报人凭自己的喜好选择了汇报对象不关心的内容。对牛弹琴的问题并不出在牛身上，而是弹琴的人做出了不正确的选择。

2）为什么要汇报该内容（Why）

你选择的内容，能否激发汇报对象的动机？能否让汇报对象意识到他有能力且很容易做出某种行为？能否给出明确执行某种行为的提示？在准备汇报内容时，需要时刻问自己这几个问题，这样才能避免汇报的内容与你的目标不相关。

3）准备怎样汇报该内容（How）

有了合适的内容素材后，就可以考虑用什么样的方式来汇报更容易达成目标。口头汇报还是书面汇报？邮件还是即时通信工具？电话还是视频会议？只有明确具体场景和具体汇报对象，才能做出更合适的选择。

职场上的汇报可以分为两大类，书面汇报和口头汇报，两者的对比如下表所示：

维度	书面汇报	口头汇报
即时性	不能即时获得反馈	可立即获得反馈
信息量	包含更多的细节和数据	包含的信息量较少,因为听众注意力和记忆有限
非语言因素	依赖文字,无法使用非语言因素	利用声音、肢体语言和面部表情等非语言因素增强传达效果
可追溯性	留下书面记录,便于复查和存档	除非有录音或笔记,否则难以追溯和复查
受众范围	面向更广泛的受众	通常面向较小的群体,如团队会议或一对一沟通
正式程度	通常更加正式,适合官方文件和重要决策的传达	更加非正式,适合日常沟通

接下来,我们将围绕这两类场景展开介绍。

1. 书面汇报

书面汇报属于异步沟通,包含的信息量更多,也方便留存。本节将聚焦职场上常见的几个书面汇报场景:邮件、协同办公软件、周期性报告、项目报告,帮助大家通过思维导图模板,更快速地展开思考,高效准备相关汇报素材。

1)邮件

邮件可以算得上是职场上最重要的书面沟通工具,也是最重要的汇报方式之一。如图 3-11 所示,想要更好地用邮件来进行工作汇报,需要遵循以下原则:

①标题

一个好的标题,能让汇报对象在不点开邮件的情况下,对邮件内容有大致的了解。可以参考 SAP 原则:

- 简洁(Simple,S):标题尽可能控制在 20 字以内,简洁地表达汇报的中心思想;

- 准确（Accurate，A）：标题应与正文内容密切相关，避免"挂羊头，卖狗肉"；
- 利益（Profit，P）：标题要让汇报对象感受到与其利益的相关性，让他们有点开查看详情的动机。

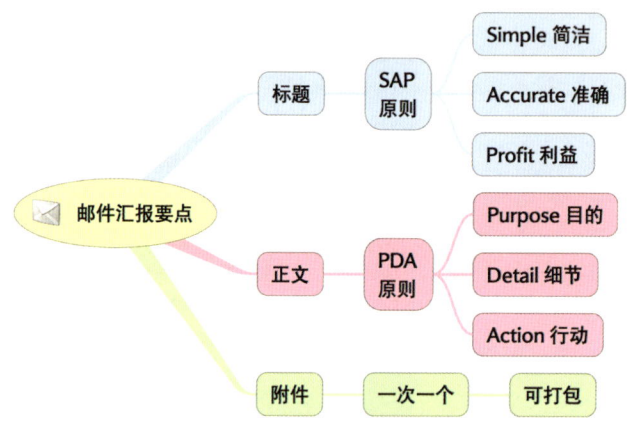

图 3-11 邮件汇报要点

例如，《关于××项目的进展汇报》只能算是一个普通的标题，汇报对象不点开看的话，无法知道项目进展是否顺利。按照 SAP 原则，可以将标题修改为《为按时交付，申请追加××项目投入 50 万》或《申请追加 50 万投入，确保××项目按时交付》。

此外，发一封邮件最好只沟通一件事。如果有多项工作要沟通，建议拆分成多封邮件。

②正文

好的邮件正文，应做到让汇报对象快速了解你要汇报的重点及后续行动。可参考 PDA 原则：

- 目的（Purpose，P）：清晰表达你通过这封邮件想要汇报的重点及达到的目的；
- 细节（Detail，D）：围绕上述目的，阐述汇报对象需要了解的具体细节内容；

- 行动（Action，A）：看完邮件后，希望汇报对象采取的具体行动。

例如，给您写这封邮件是为了向您申请追加××项目50万元投入，以确保项目如期上线交付（目的P）；如您所知，我们在项目推进过程中遇到了以下几个难题：1……2……3……经详细测算，还须追加投入50万元以应对上述难题。详细预算表请参考附件1（细节D）；希望您能批准以上申请，并于本周五下午前回复邮件确认，期待您的回复（行动A）。

③附件

附件的一个原则是一次一个，这样可以方便汇报对象查看和后续的搜索。如果确实需要添加多个附件，也可以考虑将附件都压缩成一个文件。

2）协同办公软件

如今企业微信、钉钉、飞书等企业协同办公软件已经非常普及，相较于邮件这种异步沟通的方式，协同办公软件的聊天功能更追求实时性。如图3-12所示，想要用好协同办公软件进行工作汇报，需要遵循以下原则：

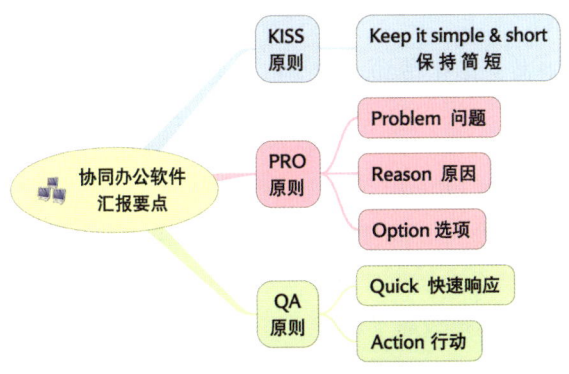

图3-12 协同办公软件汇报要点

KISS 原则

KISS 是"keep it simple & short"的首字母缩写,即"保持简短"。由于其实时沟通的特性,汇报的内容需要简短、直接,方便汇报对象快速阅读和做出回应。

PRO 原则

PRO 原则通常用于主动进行汇报。具体是指遇到问题后,先分析找出可能的原因,并准备几个备选的方案,再主动进行汇报。目标是让汇报对象做"选择题"。

- 问题(Problem,P):工作中遇到了什么问题;
- 原因(Reason,R):通过分析,你认为是哪些原因导致了上述问题;
- 选项(Option,O):给出你的应对策略,并请汇报对象给出他的建议。

例如,黄总您好,今天我们在测试会场的 LED 屏时,发现显示比例有些异常,可能会影响明天发布会的效果(问题 P)。经过和现场工作人员沟通,初步判断是转接口或 HDMI 线的问题(原因 R)。现在有两种备选方案:1)更换转接口及 HDMI 线后再次测试;2)使用投影仪加幕布(选项 O)。请问您建议采用哪种方案?

QA 原则

QA 原则通常用于被动进行汇报。具体是指遇到询问时,先第一时间响应告知对方你已经接收到问题,然后给出你的后续行动计划。

- 快速响应(Quick,Q):接收到问题后,第一时间快速回复,告知对方已经收到信息。需要注意的是,尽管现在很多办公软件已经能自动给出"已读"提示,还是需要手动告知对方"收到",以体现你的重视。
- 行动(Action,A):针对这一问题,后续应采取的行动计划。

比如你准备什么时候开始做,你预估多久能完成,什么时候汇报进度和成果等。

例如,你的直属上级通过微信,询问你某项工作的进展。此时你可以回复:"好的,我现在正在处理另一项工作,能否 20 分钟后给您回电?",或者"收到,我 5 分钟后到办公室向您当面汇报"。相比简单的"好的、收到",在后面加上一个明确的行动计划,既能显示你对汇报对象的重视和尊重,又能让对方感受到你做事条理清晰。

3)周期性报告

周期性报告指周报、月报、年终汇报等,是职场中重要的书面汇报场景。

周报

周报算是最高频的书面汇报场景了,一年 52 周中除了几个长假外,基本一次都不会少。好的周报不仅是向汇报对象展现你的工作价值的机会,同样也是你复盘成长的重要手段。图 3-13 展示了一个高效汇报工作的周报模板:

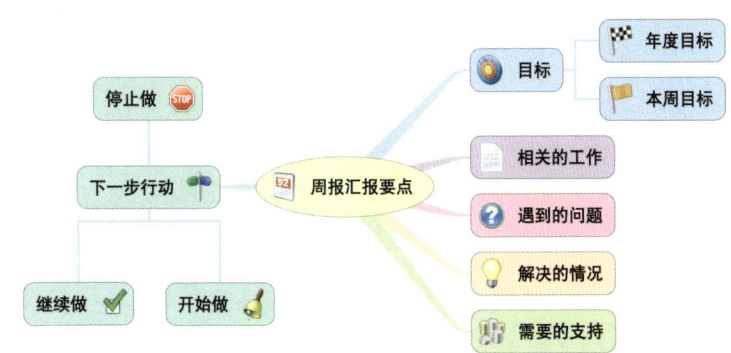

图 3-13 周报汇报要点

- 目标:1)年度目标,2)本周目标;
- 相关的工作:围绕本周目标,具体做了哪些相关的工作;
- 遇到的问题:工作过程中遇到了哪些问题;

- **解决的情况**：上述问题解决的情况如何；
- **需要的支持**：为了解决问题，需要哪些支持（人、财、物、时间等）；
- **下一步行动**：1）继续做（被证明有效的），2）开始做（对未来有帮助的），3）停止做（被证明无效、可能带来问题的）。

月报

月报是在做好周报的基础上，按月对工作成果进行梳理，对经验和教训加以总结。图3-14展示了一个能高效汇报工作的月报模板：

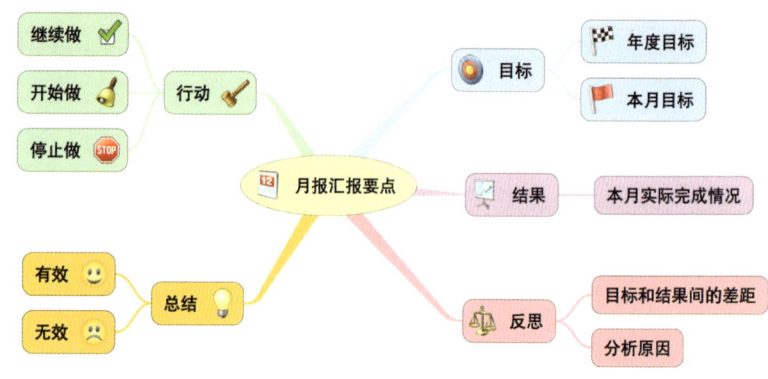

图3-14 月报汇报要点

- **目标**：先回顾年度目标，再回顾本月目标；
- **结果**：将实际完成情况和本月目标做进行客观对比；
- **反思**：反思和分析结果与目标之间的差距产生的原因；
- **总结**：对有效经验和无效的教训进行总结；
- **行动**：1）继续做（被证明有效的），2）开始做（对未来有帮助的），3）停止做（被证明无效、可能带来问题的）。

年终汇报

年终汇报可以算得上是职场上最重要的汇报场景了，通常与下一年能否升职加薪密切相关，因此需要认真准备。如图3-15所示，是高效汇报工作的年终汇报模板：

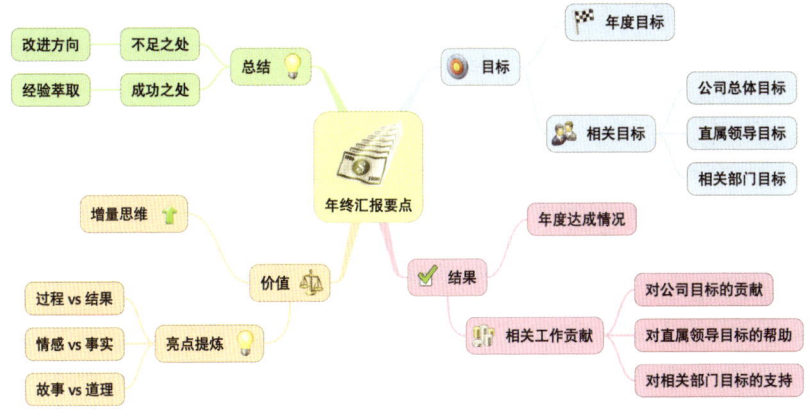

图 3-15 年终汇报要点

目标：

1. 回顾并明确个人的年度目标。

2. 分析与之紧密相关的各类目标，包括公司总体目标、直属上级领导的目标以及相关部门的目标。通过全面梳理，为后续深入剖析工作价值奠定坚实基础。

结果：

1. 客观呈现个人年度目标的达成状况。

2. 深入剖析对相关目标的贡献程度，涵盖对公司总体目标的贡献、助力直属上级领导实现目标的具体举措，以及对有工作交集的相关部门目标达成的实质性支持。站在公司的角度，从更宏观的维度分析工作成果，从而显著提升汇报的层次感与深度。

价值：

1. 运用增量思维深入挖掘年度汇报的价值，着重探寻能够充分展现个人工作成果为公司带来显著变化的关键要素。例如，可量化的业绩指标提升幅度、不可量化的流程优化成效以及方法改进所带来的积极影响等。

2. 精心提炼工作亮点，巧妙融入故事思维。将工作进程中成功克服的重重困难、诸多艰难决策背后的真实情感与心路历程融入故事叙述之中，增强汇报的感染力与吸引力。

总结：

1. 全面梳理工作中存在的不足之处，并针对性地提出切实可行的改进方向。

2. 系统总结工作中的成功经验，并将其进行高度提炼与萃取，形成宝贵的知识财富。

4）项目报告

一个项目的执行过程中会涉及多个需要汇报的节点，主动、定期做好项目汇报有利于让相关干系人更好地掌控项目的大局，及时发现风险并应对，从而确保项目顺利完成。

- **项目前期**：汇报重点是项目的筹备情况、计划制订情况等；
- **项目中期**：汇报重点是项目是否按计划正常推进，是否遇到问题及风险，如何应对风险等；
- **项目后期**：汇报重点是项目能否如期交付，相关的经验复盘。

项目汇报通常会用到 6W3H、STAR 等模型：

6W3H 模型

我们已经介绍过 6W3H 模型，如图 3-16 所示，在项目汇报中该模型也非常有效：

- **为何（Why）**：项目的立项背景，为何要做这个项目；
- **是何（What）**：项目具体要做的工作；
- **何时（When）**：项目准备什么时候开始；
- **何地（Where）**：项目具体在什么地方实施；
- **何人（Who）**：项目由谁来负责执行和管理；
- **给何人（Whom）**：项目最终成果交付给谁，谁是目标用户、终端客户；

- 如何（How）：项目准备如何进行；
- 预算（How much）：项目需要投入多少预算；
- 时长（How long）：项目大约需要多久完成。

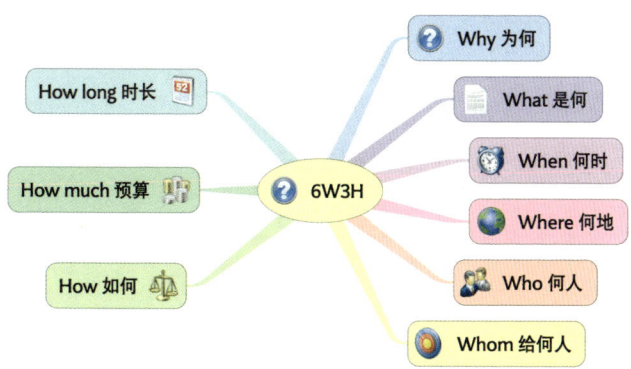

图 3-16　6W3H 模型

汇报时可以根据实际情况进行简化，但是至少应保留 Why、What、How 三个基本要素。

STAR 模型

如图 3-17 所示，STAR 模型用于回顾和总结项目案例，可以比较全面地梳理出案例的情况：

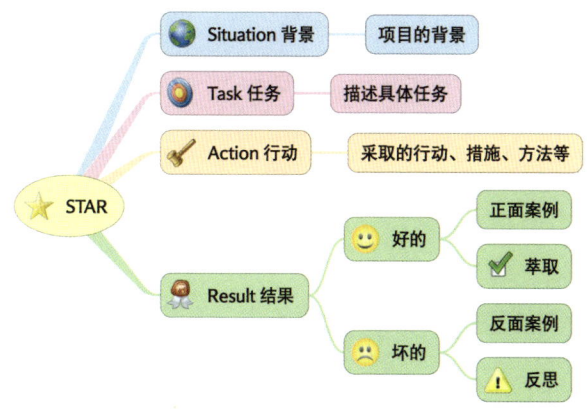

图 3-17　STAR 模型

- 背景（Situation，S）：用于描述项目发生的背景信息，如时间、地点、环境、行业、市场情况等；
- 任务（Task，T）：用于描述项目中面临的具体任务、挑战等；
- 行动（Action，A）：用于描述当时为了完成上述任务所采取的具体行动、措施、计划等；
- 结果（Result，R）：用于描述采取上述行动得到的结果。结果可能是好的（正面案例），也可能是不好的（反面案例）。

2. 口头汇报

相较于书面汇报，口头汇报更注重即时性。通常在汇报的过程中，需要根据汇报对象的反应，快速做出响应和调整。这就要求我们在准备口头汇报时，需要思考得更加深入，并对内容做精简提炼，以便于在有限的时间内达成汇报目标。本小节将聚焦职场上常见的几个口头汇报场景，1对1当面汇报、电话汇报、会议中汇报、临时汇报，帮助大家通过思维导图模板，更深入地进行思考，高效准备相关汇报素材。

1）1对1当面汇报

1对1当面汇报是职场中较为常见的口头汇报场景，通常发生在上下级之间。汇报时应注意以下要点：

- **明确目标**：明确汇报的深层目标；
- **充分准备**：在汇报前，确保你对要讨论的内容有深入了解，并准备好所有必要的数据和材料；
- **控制时间**：尊重对方的时间，避免冗长的介绍，直接进入主题；
- **非语言沟通**：注意你的肢体语言、面部表情和眼神交流，这些都会影响到汇报对象；
- **认真倾听**：认真倾听对方的反馈和意见，不要打断对方，展现出你对对方观点的尊重和重视；

- KISS 原则：用简短的语言表述你的观点，避免行业术语或复杂的表达；
- 适应对方风格：根据汇报对象的沟通偏好调整你的汇报方式，参考本章第三节的内容；
- 反馈和确认：汇报时，主动寻求对方的反馈，并确认双方对讨论内容的理解是一致的；
- 记录要点：记下讨论的要点和后续行动计划，以便汇报结束后跟进。

如图 3-18 所示，当需要向汇报对象提出一些建议的时候，可以参考 FABE 建议模型：

图 3-18　FABE 建议模型

- 事实（Fact，F）：向汇报对象陈述事实，包括数据、案例等；
- 建议（Advice，A）：基于上述事实，提出你的建议；
- 收益（Benefit，B）：分析你的建议可以给汇报对象带来的收益；
- 期望（Expectation，E）：明确提出希望汇报对象能同意你的建议。

例如，黄总您好，这是试用了××产品之后，近两周的销售数据，可以看到增长趋势很明显（事实 F）；销售人员都觉得这个产品可以给他们的工作带来便利。我建议您考虑正式采购该产品（建议 A）；这样对于完成今年公司的销售目标有极大的帮助（收益 B）；您看是否可以发起相应的采购流程（期望 E）。

2）电话汇报

如图 3-19 所示，电话汇报时，应注意汇报内容的结构性、简洁性。

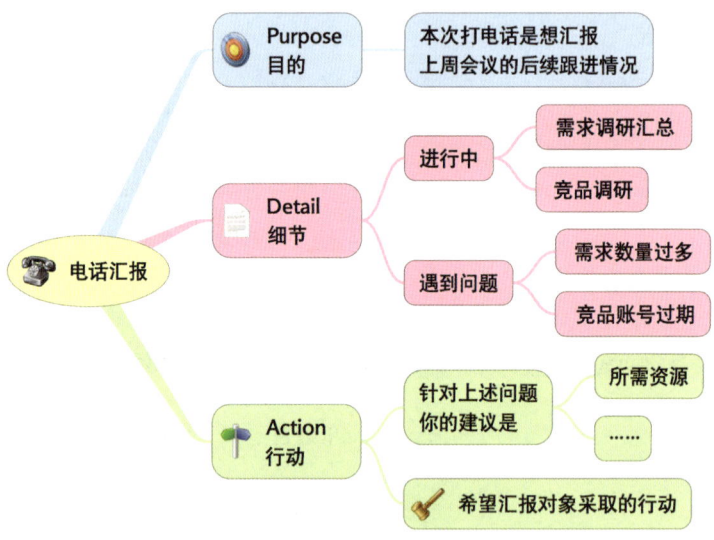

图 3-19 电话汇报要点

- 目的（Purpose，P）：清晰地表达你打这通电话的目的；
- 细节（Detail，D）：围绕上述目的，简要展开具体细节内容；
- 行动（Action，A）：打完电话后，你希望汇报对象采取的具体行动是什么。

例如，黄总您好，本次打电话是想向您汇报上周会议的后续跟进情况（目的 P）；目前有两项工作已经在进行中，它们分别是……还有两个有待解决的问题，具体是……（细节 D）；针对这两个问题，我想到的方案是……希望您可以批准上述方案（行动 A）。

3）会议中汇报

会议是高频的口头汇报场景，通常有更多的时间进行汇报前的准备，因此可以根据参会人员的情况，有针对性地调整汇报方案，以便更好地达成汇报目标。以下是几个常用的框架。

SCQA 模型

如图 3-20 所示，SCQA 模型是一种结构化表达工具，最早由著名的麦肯锡第一位女性咨询顾问芭芭拉·明托（Barbara Minto）在《金字塔原理》一书中提出：

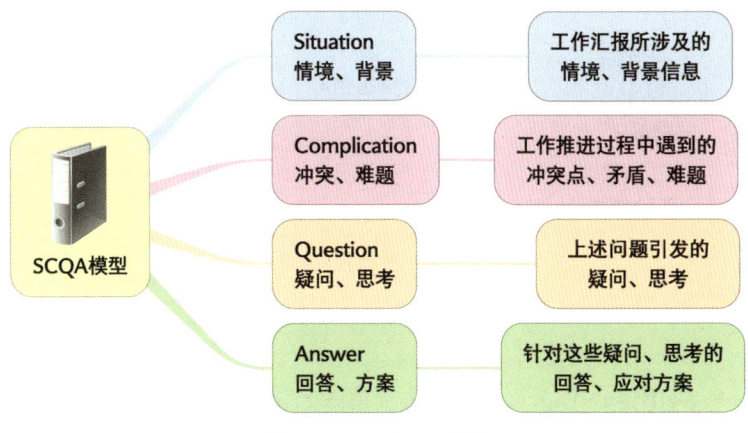

图 3-20　SCQA 模型

- 情境、背景（Situation，S）：用来描述汇报的情境、背景，为汇报对象建立一个共同的认知基础。它通常是对一个普遍认同的事实或环境的描述，有助于营造共鸣和代入感。
- 冲突、难题（Complication，C）：用来描述工作推进中遇到的冲突、难题，就好比电影中曲折的情节更能引发观众的兴趣一样，汇报中提到的冲突、难题，正是引发汇报对象关注的重要步骤。
- 疑问、思考（Question，Q）：基于前面的冲突、难题而提出一个或一系列问题，用于引导汇报对象思考解决方案。需要注意的是，这些问题是从对方的角度提出的，重点应是他们可能关心的点，方便引出后续的汇报主体。
- 回答、方案（Answer，A）：提供了针对前面提出的问题的具体解决方案或建议。作为 SCQA 模型的核心，它传达了我们想要汇报的中心思想和结论。

如图 3-21 所示，除了常用的标准模式，SCQA 还有另外三种不同用法：

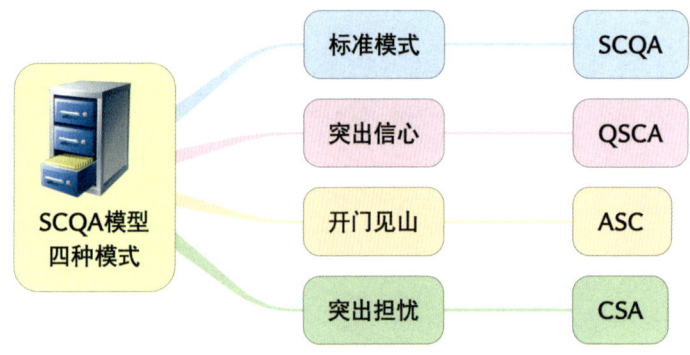

图 3-21　SCQA 模型的四种模式

- 突出信心（QSCA）疑问－背景－冲突－方案：这种模式适用于在提出问题后，通过详细描述背景和冲突来增强解决方案的可行性。
- 开门见山（ASC）方案－背景－冲突：这种模式适用于汇报对象时间紧迫或需要直接了解重点的情况。例如，在向领导汇报时，可以直接提出解决方案或建议，然后补充背景和冲突。
- 突出担忧（CSA）冲突－背景－方案：强调问题或冲突，以引起听众的关注。

SPIN 模型

在销售场景中，当客户初期需求还不是非常明确的时候，汇报内容可以参考 SPIN 模型。如图 3-22 所示，SPIN 模型是一种以客户为中心的销售方法，由尼尔·雷克汉姆（Neil Rackham）提出，主要通过提问技巧挖掘和引导客户需求。

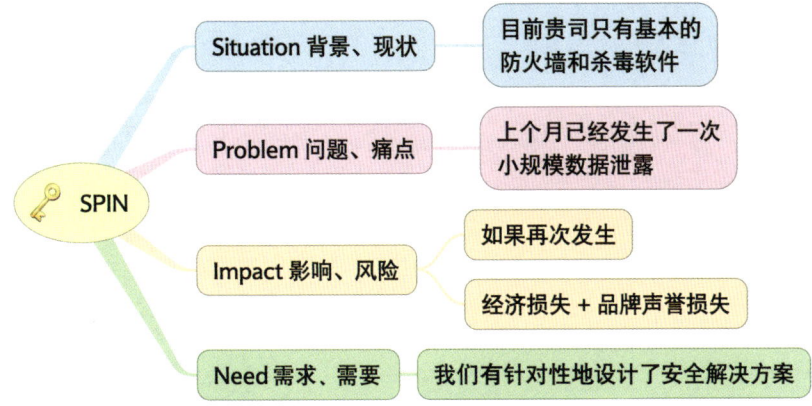

图 3-22　SPIN 模型

- 背景、现状（Situation，S）：描述客户当前的背景、现状等信息；
- 问题、痛点（Problem，P）：提出客户当前所面临的问题、痛点、困扰等信息；
- 影响、风险（Impact，I）：分析上述问题如果不及时解决，可能会产生的风险和影响；
- 需求、需要（Need，N）：引导客户发现自己的需求，并推荐相应的解决方案。

FABE 模型

如图 3-23 所示，在客户需求已经比较明确的时候，汇报内容可以参考 FABE 模型。

- 功能、特性（Feature，F）：汇报产品的功能特性等；
- 优势、亮点（Advantage，A）：强调产品相比其他竞品的优势和亮点；

- 收益、回报（Benefit，B）：分析产品可以为客户创造的收益和带来的回报；
- 证据、案例（Evidence，E）：提供一些类似的案例和证据，促使客户做决策。

图 3-23　FABE 模型

4）临时汇报

相较于之前介绍的汇报场景，临时汇报因其不可预测性，通常没有时间事先准备。因此想要应对这种突发情况，我们需要提前准备一些汇报模型，以备不时之需。除了本节中已经介绍的模型之外，还可以参考以下几种：

PREP 模型

如图 3-24 所示，PREP 模型是一种沟通和表达的框架，也被称为"电梯沟通"模型。它可以在很短的时间内，帮助汇报者清晰、有条理、有说服力地表达自己的观点。

- 观点、结论（Point，P）：首先明确表达自己的观点、结论；
- 原因、论据（Reason，R）：阐述支持观点的原因，逻辑自洽且合情合理；
- 案例、证据（Example，E）：用实例来支持自己的观点，使观点更有信服力；
- 观点、结论（Point，P）：最后重申观点，加强说服力。

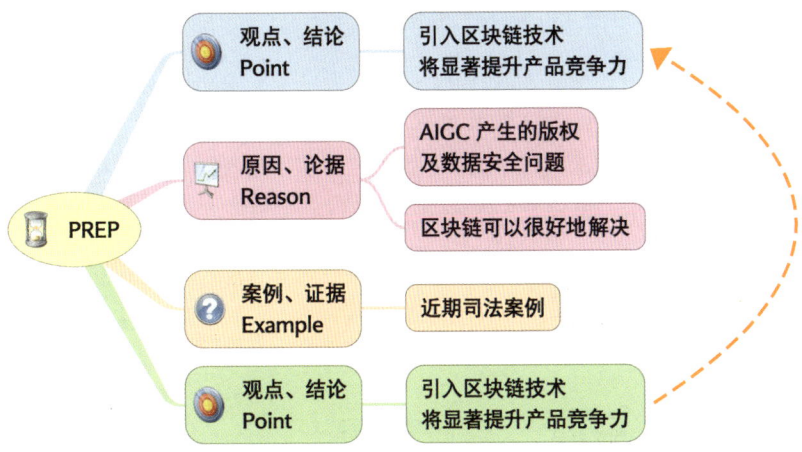

图 3-24　PREP 模型

2W1H 模型

如图 3-25 所示，2W1H 是 6W3H 的简化版本，也被称作"沟通黄金圈"，适用于短时间内表达核心观点。

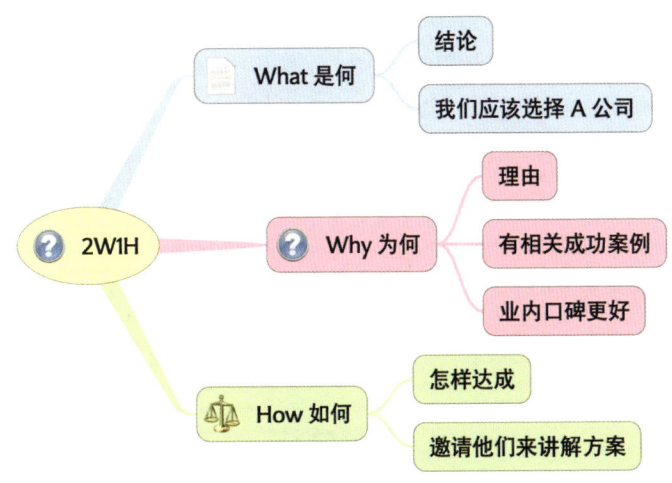

图 3-25　2W1H 模型

- 是何（What）：核心观点、结论是什么？
- 为何（Why）：得出上述观点、结论的理由是什么？
- 如何（How）：准备如何实现？

ORID 模型

如图 3-26 所示，当汇报对象临时问起你对某件已经发生的事情有何看法时，可以参考 ORID 模型从"事实、感受、反思、决策"四个维度来分析并汇报：

图 3-26　ORID 模型

- 客观事实（Objective，O）：回忆与该事件相关的客观事实、信息、数据、报道等；
- 回忆感受（Reflective，R）：当时的感受、情绪、联想、判断等；
- 反思解读（Interpretive，I）：现在的反思和对此的解读；
- 决策制定（Decisional，D）：基于上述反思，制订下一步的行动计划。

本章总结

1. 在职场中，不仅要把工作做好，更要把工作汇报好。

2. 不要被动等待别人安排你汇报，而是要积极主动地识别出各类汇报场景和时机。
3. 在不同的汇报场景下，汇报重点和目标并不相同，需要具体问题具体分析。
4. 一次成功的汇报，首先要以终为始，明确你的汇报目标（浅层、深层）。
5. 深层汇报目标可以总结为：听完汇报后，（汇报对象）会发生/采取的行为/行动。
6. 理解福格行为模型（B=MAP，行为发生＝动机＋能力＋提示）有助于你达成汇报目标。
7. 知己知彼，方能百战不殆。汇报前，深入分析了解你的汇报对象，"想其所想，投其所好"，将更有助于达成你的汇报目标。
8. 通过 ABC 模型（A 汇报对象、B 汇报目标、C 汇报内容）及一系列常用的书面、口头汇报框架模型，可以因地制宜、因人而异地设计出汇报"路线图"。

自测详解

1 》你负责的项目在推进中遇到了一些问题，经过你的努力协调，基本控制了局面。下周你要向领导汇报，你认为在准备汇报的过程中，以下哪些可以作为汇报目标？

A. 向领导汇报项目进展。

（错，这属于浅层目标。）

B. 使领导对当前项目管理状态放心，重视资源缺乏问题，并批准额外预算申请。

（正确，准备汇报目标时，应该尽可能围绕深层目标，而这属于深层目标。）

C. 向领导汇报最近出现的问题。

（错，这属于浅层目标。）

D. 使领导认可我控制事态的能力，并赞同我的下一步处理方案。

（正确，这是一个深层目标。）

2» 你是公司的产品部门负责人，正在为新入职的员工进行"高效工作汇报"的培训。你希望他们在以下哪些场景对你进行汇报？

A. 在你给他们安排一项新的工作任务后。

（正确，拿到新任务时，新员工应该向你汇报他们计划如何完成。你可以根据他们提交的计划，给予反馈，确保他们正确理解了工作任务的方向和要求。）

B. 当他们负责推进的工作有新的进展时。

（正确，这将有助于你随时了解工作的进展是否顺利。对于有问题的工作可以及时介入进行干预，避免问题扩大。）

C. 当他们负责推进的项目遇到麻烦时。

（正确，这时你需要重视并评估风险，设法尽快做好应对方案。）

D. 在他们每天的工作结束之后。

（不建议，这样工作量太大，定期的汇报建议以周为单位。）

3» 你的一位潜在客户刚刚更换了对接人，新的对接人约你明天去给他们介绍一下当前项目的进展情况。你打算从以下哪些方面来准备这次汇报？

A. 继续沿用此前的汇报材料。

（错，每个人关注的点不同，需要因人而异做出调整。直接用此前的汇报材料，可能存在较大风险。）

B. 通过之前的对接人，了解新对接人的情况，分析其可能关注的点。

（正确，但是也要注意拿到的信息不一定全面和正确，还是需要你来分析和判断。）

C. 搜集新对接人的信息，判断其可能的立场。

（正确，虽然这并不容易，但确实是一个很好的思路。了解汇报对象的立场，将更有助于你设计出有针对性的汇报路线图。）

D. 设法在汇报前与新对接人取得联系，了解其对当前项目信息的掌握情况。

（可以试试，如果对方愿意告诉你的话，这对于你了解他的信息半径将很有帮助。）

4. 你是公司的项目经理，正在准备向公司高管们进行月度项目汇报，你认为以下哪些内容是汇报中必须包含的？

A. 详细的项目进度报告，包括已完成的工作和未来的里程碑。
（可能有风险，高层不一定关注细节。建议把握好大方向即可，不必过于详细。）

B. 对当前项目风险的评估及应对措施。
（正确，高层通常更关注风险及应对措施，最终目标是让项目顺利完成。）

C. 团队成员的表现评价和个人成长计划。
（不建议，你可以在专门的会议中专题进行汇报。）

D. 对项目预算的使用情况及未来资金需求的预测。
（正确，高层通常比较关心预算的执行情况，将这部分信息放在汇报中是必要的。）

第四章

前事不忘，后事之师

用思维导图高效
复盘沉淀经验

自测问题

1 » 你的团队刚刚完成了一个重大项目,公司高层希望你们召开一次复盘会。作为复盘会的组织者,你觉得以下哪些做法,有助于团队更好地达成复盘目标?

A. 同时邀请参与了项目的团队成员和没有参与项目的同事。
B. 要求所有参与了项目的团队成员,在会议前先各自整理一份项目实施的详细过程回顾。
C. 要求所有参与了项目的团队成员,在会议前先各自整理一份在本项目中的"收获清单"。
D. 申请一笔额外费用,用于奖励在复盘会中有突出贡献的参会者。

2 » 你是某 App 的产品负责人,正准备对过去半年 App 的市场表现进行一次复盘。为此你邀请了各相关部门的主要负责人参与。为了更好地还原真实情况,你建议大家从哪些维度准备复盘素材?

A. 按时间维度梳理 App 在过去半年里的大事记。
B. 按功能模块梳理 App 各功能的实际使用情况。
C. 按地区统计 App 的广告投放量、下载量、活跃度、消费金额等数据梳理。
D. 按会议议程中的主要议题梳理,提前准备相应的素材。
E. 按各自部门在本项目推进中遇到的问题进行整理。

3 » 你是公司项目部的主管,在了解了复盘的价值后,你打算将其引入自己的团队。你觉得遵循以下哪些原则,有助于团队形成良好的复盘氛围?

A. 实事求是,不要为了面子而用经过粉饰的信息来得出不正确的结论。

B. 空杯心态，不要因为自己是某方面的专家和权威而听不进其他人的建议。
C. 群策群力，站在每个人的视角和立场，集思广益，充分交流。
D. 对事不对人，重要的不是追究责任或论功行赏，而是要对事情产生新的洞察。

本章导读
吃一堑长一智，不要重复掉进同一个坑里

在新的时代背景下，创新已成为推动高质量发展的核心动能。对于企业和个人而言，追求创新的道路往往伴随大量失败。俗话说"吃一堑，长一智"，比失败更可怕的是反复因同样的原因而失败。这就好比一个人，每次经过同一条路时，都会掉入路边的同一个坑里，这显然是十分愚蠢的。

想要成功创新，首先要做的就是学会从失败中汲取经验教训，避免重复掉进同一个坑里。那么，怎样才能更高效地从过往的经历中学习呢？答案就是复盘。

什么是复盘？

"复盘"本是一个围棋术语，指对弈双方每次下完一盘棋后，将刚才的棋局按原样再下一遍，一边还原一边交流。看看哪些地方下得好，哪些地方下得不好，哪些地方有更好的下法。通过这种方式，能够有效地重现双方的攻守思路，达到提升棋力的目的。

职场上的复盘，指的是从过去的经验中学习，帮助我们有效地总结经验、提升能力、改善绩效。联想集团的创始人柳传志先生曾说过："做完一件事情以后，无论做成功了还是没做成功，尤其是没做成功的，应该坐下来针对当时的事情，回想我们预先是怎么定的、中间出了什么问题、为什么做不到，把这些理一遍。理一遍以后，下次再做时，自然就能吸取这次的经验教训了。"这种把做过的事情，再从头过

一遍的思想就是复盘，它也是指引我们通往成功彼岸的"指南针"。

复盘到底在"复"什么？

如图 4-1 所示，职场上的复盘，就其本质而言，侧重于以下几点：

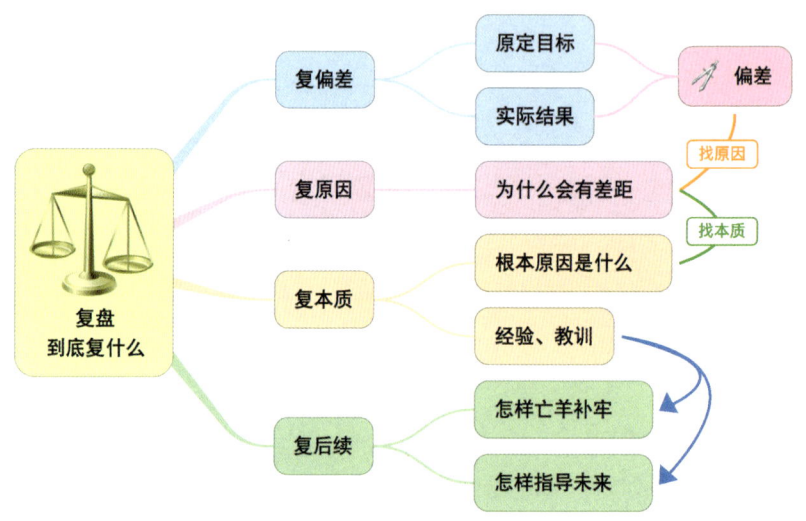

图 4-1 复盘到底要复什么

- **复偏差**：首先要复盘的是"偏差"，即原定目标与实际结果之间的偏差。需要强调的是，这里所说的偏差既包括未达预期的负向偏差，也包括超出预期的正向偏差。
- **复原因**：若目标和结果之间没有偏差，说明计划与执行都很有效。而一旦出现偏差，就表明哪里出了问题。复盘所要做的就是找出产生偏差的"原因"。
- **复本质**：当找到一系列可能的原因后，接下来就到了复盘成败的关键环节，即从这些原因背后找出问题发生的"本质"。只有找到本质，复盘才算成功。
- **复后续**：复盘是在事后进行的，所以找到本质后，怎样将其应用到后续类似的工作场景中，及时亡羊补牢或避免重蹈覆辙，这才是复盘真正的意义。

复盘有哪些关键点？

- **学习**：复盘的最终目的是学习并提升认知水平。
- **事实**：复盘建立在真实的基础上，必须客观还原事实真相。
- **过程**：复盘不仅要关注结果，更要深入分析产生结果的过程。
- **初心**：复盘的起点，是搞清楚当初做这件事的初心。
- **亲历**：复盘强调基于个人的亲身经历，否则难以还原真实场景。
- **动力**：复盘过程非常耗费精力，因此需要有内外部的驱动力来推动。

怎样进行复盘？

如图 4-2 所示，复盘的标准流程分为以下六个步骤：

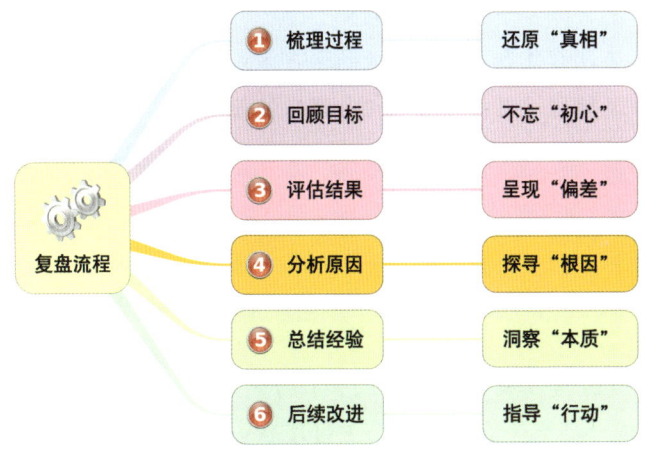

图 4-2 复盘的六个步骤

- **梳理过程**：还原"真相"，客观地梳理工作过程，尤其是关键里程碑节点。
- **回顾目标**：不忘"初心"，复现目标，回忆当初设定该目标的原因。
- **评估结果**：呈现"偏差"，对比结果与目标，尽可能客观、真实地呈现偏差。
- **分析原因**：探寻"根因"，针对偏差，探寻各种可能性，找出根本原因。
- **总结经验**：洞察"本质"，分析这些原因背后的根源，从而洞察问题本质。
- **后续改进**：指导"行动"，将萃取的经验和教训，切实运用到后续的工作中。

本章我们将聚焦如何借助思维导图来进行复盘，从而提升上述六个步骤的效率。

阅读完本章后，你将了解到：

- 在哪些情况下，需要进行复盘？
- 怎样按步骤把复盘做到位？
- 为什么复盘是一种高效的学习方式？
- 怎样通过思维导图来提升复盘的效率？
- 怎样根据不同的场景，选择合适的复盘工具？

一、前事不忘：用思维导图还原真相

复盘的目的在于从自己过往的亲身经历中学习并提升。为了实现这一目的，首要任务是做到"前事不忘"，即保证复盘的"原材料"建立在当初的客观事实之上。本节将阐述如何利用思维导图，更高效地完成"前事不忘"的三个关键步骤：**梳理过程、回顾目标、评估结果**。

1. 梳理过程，还原"真相"

梳理过程是复盘的第一个步骤：其核心意义是为复盘收集各类素材，还原当时的"真相"，确保后续研究的都是客观真实的问题。以围棋复盘为例，走完一盘后，需要如实呈现这局棋的每一步。如果中间漏了或错了几步，那么也就无法从复盘中获得提升。

好记性不如烂笔头，我们的记忆会随着时间的推移而变得模糊。职场上的复盘，虽然不用像"流水账"一样事无巨细地记录下每个细节，但至少要确保重要的关键节点、里程碑没有遗漏，从而避免我们在复盘时做出错误的判断。

如图 4-3 所示，在梳理过程时，可以参考以下几种常用的逻辑维度：

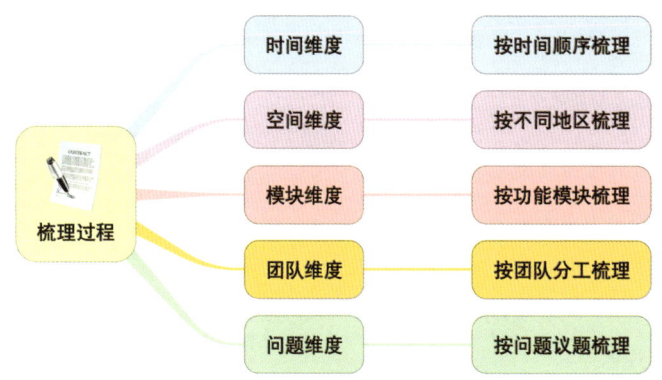

图 4-3　梳理过程阶段常用的逻辑维度

- **时间维度**：时间顺序是最简单、最常用的过程梳理逻辑，可以比较清晰地呈现整个工作的推进过程及因果关系。通常也可以用"甘特图"来呈现。
- **空间维度**：空间维度是按不同的国家、城市、地区等来进行梳理。
- **模块维度**：常用于产品研发项目的复盘，将产品按功能模块分类来进行复盘。
- **团队维度**：常用于按不同团队或部门的工作成效进行复盘。
- **问题维度**：也称议题顺序，即将某项工作或项目分解为多个待解决的问题、议题来进行复盘。

在实际复盘中，通过使用思维导图，可以结合上述几个逻辑维度进行过程梳理。如图 4-4 所示，某项目复盘时，选择了从时间、空间、团队、模块维度分别进行梳理：

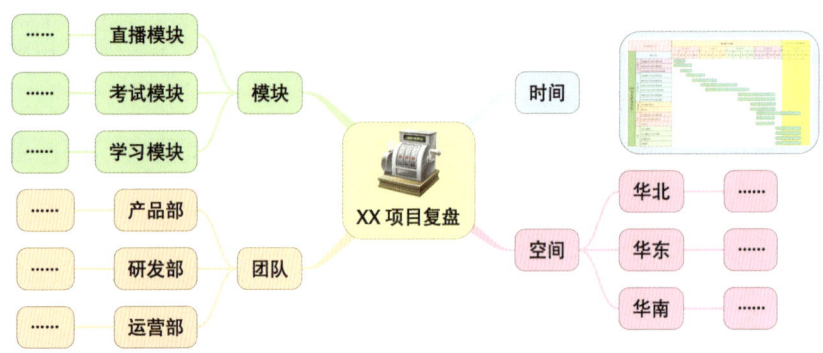

图 4-4　用思维导图梳理过程

正所谓"巧妇难为无米之炊"，想要发挥复盘的价值，我们首先需要准备好复盘的素材。养成用思维导图来规划每天工作的习惯，可以为复盘打下坚实的基础。如图 4-5 所示，某个项目复盘时搜集材料的几个途径：

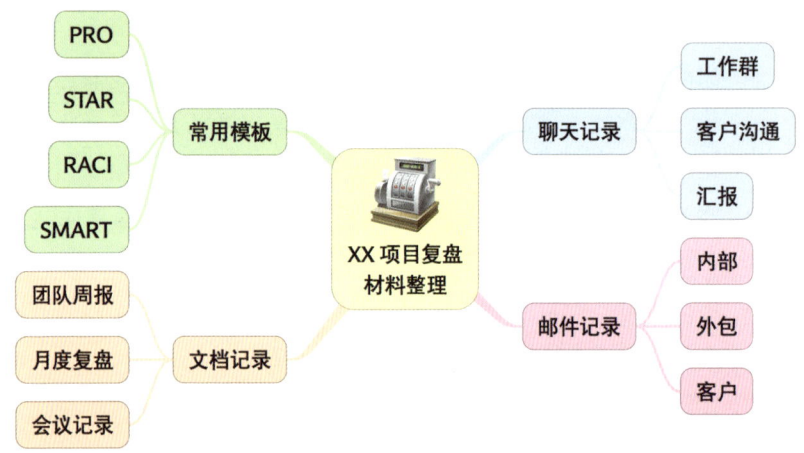

图 4-5　梳理过程时搜集材料的途径

最后，需要强调的是：复盘是基于过往的真实经历，因此在梳理过程阶段，一定要站在还原事实真相的立场，切勿自欺欺人。

2. 回顾目标，不忘"初心"

回顾目标是复盘的第二个步骤，其核心意义是为后续步骤构建一系列可衡量的参照物。如果没有参照物，也就没法进行有效的评估。需要注意的是，我们既要回顾当时定下的具体目标，也要回顾当时的"初心"，即为什么要这样设定目标。

在实际复盘中，有时候我们会发现，在当下这种快速多变的时代背景下，很多工作开始的时候并没有设定明确的目标。那么这是否意味着，复盘无法进行下去了呢？

如图 4-6 所示，为了更好地应对这种情况，我们可以将回顾目标分为两种情况：1）有明确目标的情况；2）没有明确目标的情况。

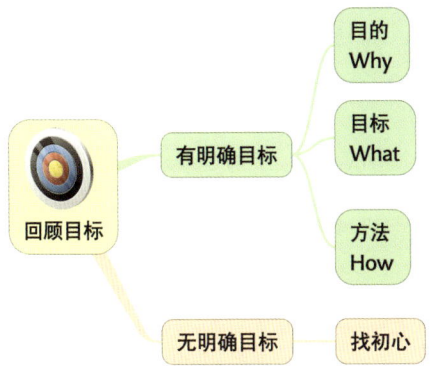

图 4-6　回顾目标时的两种情况

有明确目标时，基于 OGSM 模型回顾目标一致性

当有具体目标时，我们可以沿着目的、目标、方法的思路，结合 OGSM 模型来回顾目标并建立目标和目的的一致性。

- 首先回顾目的（Why，为什么要做这件事）。
- 接着回顾目标（What，具体要做什么）。
- 最后回顾当初计划的方法（How，准备怎么做）。

为了方便大家理解，我们先来区分一下**目标**和**目的**。通常来说，这两个词差异不大，可以混用。但是在复盘时，我们可以参照 OGSM 模型的定义来进行区分：

- 目的（Objective, O）：目的是指做这件事的原因（Why）；
- 目标（Goal, G）：目标是可以具象化衡量目的实现程度的标志，即我们具体要做到什么程度（What）；
- 策略（Strategy, S）：达成目标的策略（How）；
- 指标（Measurement, M）：具体衡量策略的指标（How）。

如图 4-7 所示，在对某产品进行年终复盘时，首先回顾年初定下的销售目标 1.5 亿元，接下来还需要回顾当时为什么要定 1.5 亿元而不是其他数字。只有把这个问题搞清楚，才算完成了回顾目标。目标是销售额达 1.5 亿元，而目的则是实现盈亏平衡。这就解释了，为什么当初不是设定 1.4 亿元或 1.6 亿元，因为这两个目标都不能算盈亏平衡。

图 4-7　对某产品进行年终复盘时，先回顾目标

通常来说，目的可以模糊一些，如"出色完成""成为一流""取得优势"等。但目标则必须尽可能具体和可衡量。正如我给大家介绍过的 SMART 原则，制定目标时要尽可能符合该原则。

没有明确目标时，回顾做这件事的"初心"

在这种情况下不必生搬硬套流程，可以回顾一下当时的初心。为什么要做这件事？有没有朝着你希望的方向发展？整体的趋势是向好还是恶化？

例如，某家企业受大环境影响，经营出现了困难。为了应对危机，采取了一些临时的自救措施，如裁撤了一些部门。在这种相对混乱的情况下，往往很难有具体的目标，通常只会确定一个大的方向或原则。在后续对此进行复盘的时候，就可以将公司度过危机作为目标。

需要强调的是：目标是复盘的参照物，我们既要知道参照物是什么，也要知道为什么选择这个参照物。

3.评估结果，呈现"偏差"

评估结果是复盘的第三个步骤：其核心意义是呈现出实际结果与预期目标之间的"偏差"。这里说的偏差既包括未达到预期的负向偏差，也包括超出预期的正向偏差。

在实际复盘时，大家容易把注意力聚焦于负向偏差，而对于正向偏差则缺乏足够的关注。实际上，正向偏差同样需要我们重视，因为其中可能蕴含了绩效改进的良策，需要通过后续的复盘来加以分析和萃取。

如图4-8所示，在进行评估结果时，我们可以按目标、方法、目的的顺序来进行评估。这样做的原因是，目标的达成和方法的执行情况更容易衡量。而目的，则可以在完成了目标和方法的评估之后，再来进行衡量，看看是否实现了"初心"。

图4-8 评估结果时的两种情况

如图 4-9 所示，最初设定的目标是销售额达 1.5 亿元，而实际销售额为 1.3 亿元，未达成目标；原定的方法中对于指标项的要求是工作日每天投放量达 2000，实际投放量 1500，未达成目标。原定目的实现盈亏平衡，实际结果实现盈亏平衡，目的达成。你或许会很好奇，为什么目标和方法都未达成，盈亏平衡的目的却达成了？请注意，这个阶段只需要客观呈现偏差，而不用去分析其原因。请暂时控制住你的好奇心，留到下一个步骤再去分析。

图 4-9 对某产品进行年终复盘时，先回顾目标

二、后事之师：用思维导图揭示本质

经过前面三个步骤的铺垫，我们已经基本实现了"前事不忘"。而接下来要做的，就是从中找出**哪些地方做得好、哪些地方做得不好、哪些地方换个方式可以做得更好**。只有这样，才能揭示问题的本质，从而实现"后事之师"。本节我将介绍怎样通过思维导图，更高效地完成"后事之师"的三个关键步骤：分析原因、总结经验、后续改进。

1. 分析原因，探寻"根因"

分析原因是复盘的第四个步骤：其核心意义是探寻实际结果与预期目标之间出现偏差的根本原因，并设计出相应的解决方案。在第二章，我已经向大家介绍了许多问题分析及解决方法，我们可以根据需要选择使用。如图 4-10 所示，常用的分析原因框架：

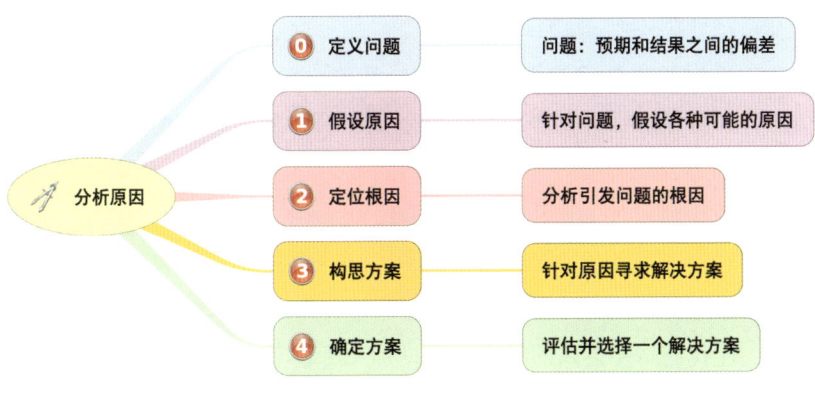

图 4-10　分析原因框架

- **定义问题**：通过完成"评估结果",我们发现了预期目标和实际结果之间的偏差。接下来,我们可以将问题定义为"这个偏差是如何产生的"。
- **假设原因**：针对上述问题,通过用头脑风暴等工具假设其形成的各种可能性,并将这些原因逐一记录下来。
- **定位根因**：针对上述原因,通过用5Why等工具逐一深入分析,找出问题的根本原因。
- **构思方案**：针对上述根本原因,通过用头脑风暴等工具构思各种可能的解决方案,并将这些方案逐一记录下来。
- **确定方案**：针对上述解决方案,通过用决策矩阵等工具逐一深入分析,基于当前所掌握的资源情况,确定最终的解决方案。

如果经过上述分析后,发现问题的根本原因非常复杂,解决起来非常困难时,我们还可以换一种思路。即从偏差中寻找亮点特例,尝试找到行之有效的做法,并对这些做法进行深入研究,看看究竟是什么因素在起作用。

需要强调的是：失败时,重点找寻自身的主观原因；成功时,不要忽略外部的客观原因。

2. 总结经验，洞察"本质"

总结经验是复盘的第五个步骤，其核心意义是从前面的步骤中总结各种经验教训，并从中洞察出问题的本质，从而提升我们的认知。

由于复盘通常在一项工作结束后进行，这也就意味着在很多情况下，即使我们通过复盘找到了解决问题的新方法，但事情已经发生了，结果很难改变。那么，事后的复盘究竟能得到什么呢？答案就是**洞察力**。复盘之所以是一种有效的学习方法，关键就在于能够提升我们的洞察力，让我们站在更高的维度，看见别人所看不见的风景，这远比获得具体的经验和教训重要。

如图 4-11 所示，"总结经验"重在提炼通过复盘"我们洞察到了什么"，而洞察来自对原有认知的重构、放弃和新增：

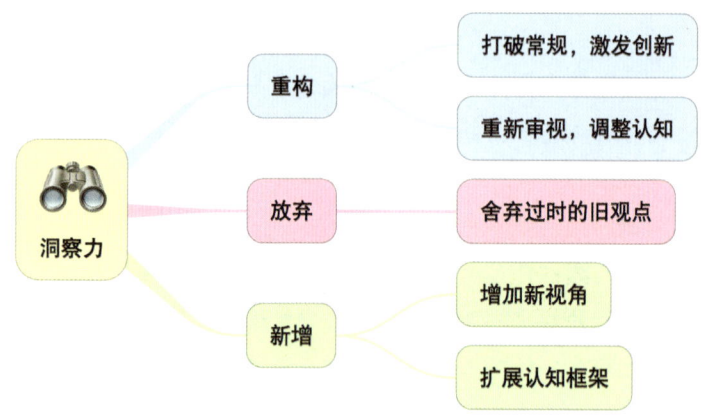

图 4-11 复盘的目标是提升洞察力

- **重构**：重构是指重新审视和调整我们对某一问题或情境的基本认知和理解，从而获得新的洞察力。
- **放弃**：放弃是指在某些情况下，我们意识到原有的认知已经不再适用或有效，因此选择放弃这些认知和观点，以便获得新的洞察力。
- **新增**：新增是指在原有假设的基础上，引入新的视角或概念，以扩展我们的认知框架，从而获得新的洞察力。

例如，在上下班高峰期，办公楼里的电梯总是供不应求，等电梯的人群不得不焦躁地排起长队。传统的认知会认为问题出在电梯的运力不够，而解决方案就是新建更多的电梯或将原有电梯改建成高速电梯等。

但是通过重构认知，有人提出了一个全新的观点，即问题并不是出在电梯上，而是出在等电梯的人身上，因为他们在等电梯的这段时间里没有别的事情可以分散注意力。想要解决这一问题，并不需要改造电梯，而是可以在电梯旁装上几面大的落地镜或者几个大屏幕。这样大家在等电梯的时候，就可以通过照镜子或者看大屏幕上的内容来打发时间。结果证明这一方案非常有效，人们在等电梯的时候，不再焦躁不安。

需要强调的是，在复盘过程中，要"对事不对人"，重要的不是追究责任或论功行赏，而是要对事情产生更深入的洞察力，真正弄明白事情究竟是怎么回事。

3. 后续改进，指导"行动"

后续改进是复盘的第六个步骤，其核心意义是将复盘得到的经验、教训、洞察、认知综合应用到后续类似的工作中，指导我们更好地行动，从而实现亡羊补牢或避免重蹈覆辙。

如图 4-12 所示，复盘和 PDCA 有很多相同点。P（计划）对应复盘中的回顾目标；D（实施）对应复盘中的梳理过程；C（检查）对应复盘中的回顾目标、评估结果、分析原因；A（行动）对应复盘中的总结经验、后续改进。两者最大的差别是各自的侧重点不同，**复盘是以学习为最终目的，而 PDCA 则是为了推进工作、解决问题**。

需要强调的是，复盘得出的结论只是假设，就像 PDCA 循环一样，复盘也需要通过用行动来检验新的假设是否有效，并由此推动复盘之轮持续转动，不断积累和提升我们对现实世界的认知。

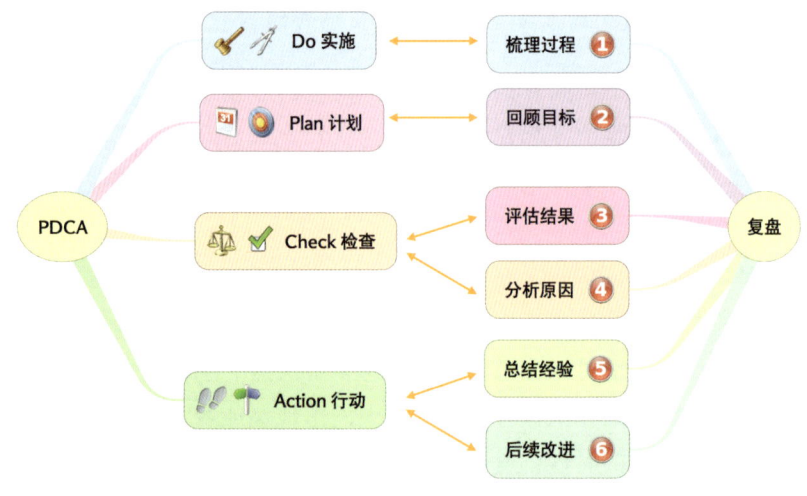

图 4-12 PDCA 和复盘的联系

三、复盘实战：从过往的经历中成长

对于职场上的每个人来说，如果每年只做一次年终复盘，那么就只获得了一次学习成长的机会；而如果每半年做一次复盘，则相当于获得了两次学习成长的机会；依此类推，如果每季度、每月、每周、每天做一次复盘，就相应地获得了4次、12次、52次、365次学习成长的机会。自然你就比不会复盘的人更有可能取得成功。

职场上，有以下场景适合进行复盘：

- **新的工作**：当你完成一项新的工作后，这就是一次非常好的经历，无论结果如何，都值得进行一次复盘。
- **重要的工作**：当你参与了某项重要的工作后，其经验无疑是非常宝贵的，此时就可以进行一次复盘，梳理得失。
- **挑战性的工作**：当你参与了某项对你来说超出现有能力的挑战性工作后，不管结果如何，一定有值得总结的地方。所以需要好好做一次复盘，找出自己哪些地方有成长，哪些地方还有待提高。

- **未达预期的工作**：当你发现某项工作未达到预期时，背后一定有什么地方做得不够好。通过复盘找到并设法改进。
- **超出预期的工作**：对于超出预期的工作，同样需要复盘背后到底发生了什么，避免将某项客观条件导致的结果误认为是自己的能力。

1. 个人复盘

1）GBB 复盘模型

我们曾经给大家介绍过 GBB 复盘：

- **好的经验（Good，G）**：回顾今天工作，哪些地方做得比较好，有哪些经验可以总结。
- **不足之处（Bad，B）**：回顾今天工作，哪些地方没做好，有哪些教训可以吸取。
- **改进方向（Better，B）**：回顾今天工作，哪些地方可以做得更好。

GBB 复盘简单实用，非常适合每天工作结束后进行"日省"。对于刚接触复盘的读者来说，GBB 复盘是个非常好的起点。

2）SSC 复盘模型

SSC 复盘非常适合个人经常使用，如图 4-13 所示：

图 4-13　SSC 复盘模型

- **开始做（Start，S）**：开始做由复盘得出的，可能有效的行为或方法。
- **停止做（Stop，S）**：停止做在复盘中被证明无效的行为或方法。
- **继续做（Continue，C）**：继续做在复盘中被证明有效的行为或方法。

3）ORID复盘模型

我们曾经给大家介绍过 ORID 模型，这一模型也常被用于复盘：

- **事实（Objective，O）**：复盘当时发生了什么，客观事实是什么。
- **感受（Reflective，R）**：回忆当时你的感受，如高兴、沮丧、愤怒、后悔等。
- **反思（Interpretive，I）**：反思当前你的感受，重点分析你的感受是否变化。
- **决策（Decisional，D）**：针对上述反思，你是否有后续的决策。

2. 团队复盘

相较于个人复盘，团队复盘对流程的要求更高，并且通常以会议的形式进行。如图 4-14 所示，团队复盘的整体流程与前面提到的六个关键步骤基本一致。但需要所有参与复盘的成员提前准备，特别是梳理过程这一步骤，最好先形成一些文档以提升效率。

需要注意的是，团队在进行复盘时，步骤虽然很重要，但是形成良好的复盘氛围更重要。建议遵循以下几项原则：

- **实事求是**：基于客观事实是复盘的底层逻辑，否则后续的一切步骤都没有意义。在实际复盘时，当遇到负向偏差时，大家往往会顾及面子而隐瞒或忽略一些真相，因此需要特别强调，避免基于假象得出错误的结论。
- **空杯心态**：复盘时应保持空杯心态，忘记自己的职务职级，与团队进行充分的信息交流，以获得更全面的视角和洞察力。
- **群策群力**：复盘时鼓励参与者积极建言献策，集思广益。知无不言，言无不尽。
- **对事不对人**：这是复盘的核心原则，重要的不是追究责任或论功行赏，而是要对事件产生新的洞察。形成这种氛围后，也有助于大家实事求是。

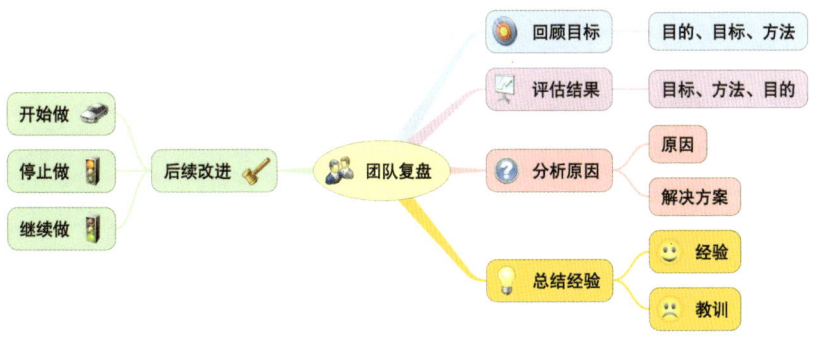

图 4-14　团队复盘框架

3. 项目复盘

本章前面介绍的六个关键步骤，可以称为"全过程复盘"。在实际复盘场景中，也可以采用相对简单的"关键点复盘"。显然，相比全过程复盘，关键点复盘对于"确定究竟要复盘什么"要有预判，然后集中精力讨论关键问题，而不必事无巨细地研究。

项目复盘通常采用"关键点复盘"，即挑选一个主题来进行专题复盘，通常会用到以下复盘模型：

GRAI 复盘模型：

如图 4-15 所示，GRAI 模型是一种特别重视产生"洞察"的复盘模型：

图 4-15 GRAI 复盘模型

- 回顾目标（Goal，G）：回顾项目或活动的初衷和预期目标，明确项目的起点和预期成果。
- 评估结果（Result，R）：对照原来的目标，评估项目的实际成果，找出实际成果与预期目标之间的差距。
- 分析原因（Analysis，A）：分析原因在整个复盘中属于最关键的一步，需要深入探究成功或失败的根本原因，这包括主观和客观两方面的因素。
- 洞察观点（Insight，I）：复盘的最终步骤是总结经验，确定改进计划，明确什么可以继续沿用，什么需要去掉。

STAR 复盘模型：

我们曾经给大家介绍过 STAR 模型。如图 4-16 所示，STAR 模型也常被用于项目复盘：

- 背景（Situation，S）：用于描述项目发生的背景信息，如时间、地点、环境、行业、市场情况等。
- 任务（Task，T）：回顾各项具体任务。
- 行动（Action，A）：为了完成上述任务、挑战所采取的具体行动、措施。

- 结果（Result，R）：上述行动所取得的结果。结果可能是好的（正面案例），也可能是不好的（反面案例）。

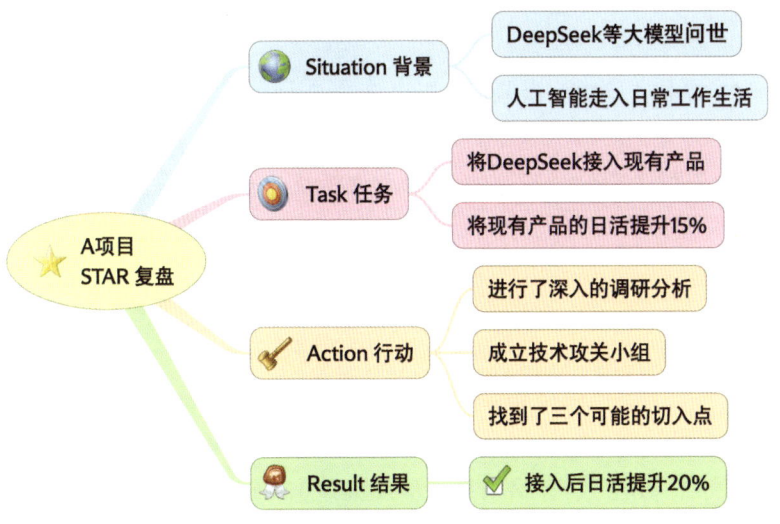

图 4-16　使用 STAR 模型进行复盘

KISS 复盘模型：

KISS 复盘常用于对项目进展的快速复盘，从而推进项目执行。如图 4-17 所示，KISS 模型具体是指：

图 4-17　KISS 复盘模型

- 保持（Keep, K）：项目中需要继续沿用的方法、习惯、行为等。
- 改进（Improve, I）：项目中需要优化改进的流程、方法、工具等。
- 停止（Stop, S）：项目中需要立即停止的方法、习惯、行为等。
- 开始（Start, S）：项目中需要尽快开始的工作、措施等。

本章总结

1. 职场上常见的复盘场景包括：开始一项全新工作时、接手一项重要工作时、遇到有挑战的工作时、某项工作未达预期或超出预期时。
2. 标准的复盘流程由六个步骤组成：梳理过程（还原真相）、回顾目标（不忘初心）、评估结果（呈现偏差）、分析原因（探寻根因）、总结经验（洞察本质）、后续改进（指导行动）。
3. 复盘之所以是一种有效的学习方法，关键就在于它能够让我们从过往的经历中获得新的洞察，从而站在更高的维度，见他人所未见。
4. 复盘的每一个步骤，都需要花费不少时间和精力。结合思维导图来复盘，你可以更好地将各种信息直观地呈现出来，从而提升复盘效率。
5. 在实际复盘场景中，除了完整的"全过程复盘"，还可以根据不同的主题采用"关键点复盘"，这样可以更灵活地提升复盘效率。本章针对个人复盘、团队复盘、项目复盘等场景提供了 GBB、SSC、ORID、GRAI、STAR、KISS 等复盘框架模型，方便大家按需选用。

自测详解

1 » 你的团队刚刚完成了一个重大项目，公司高层希望你们召开一次复盘会。作为复盘会的组织者，你觉得以下哪些做法，有助于团队更好地达成复盘目标？

A. 同时邀请参与了项目的团队成员和没有参与项目的同事。

（可以尝试，但请注意复盘强调亲身经历者参与。没有参与项目的同事，参会时更适合扮演提问者、建议者的角色。）

B. 要求所有参与了项目的团队成员，在会议前先各自整理一份项目实施的详细过程回顾。

（正确，复盘的第一个步骤就是梳理过程，这对于厘清事情发生的先后顺序，消除因果倒置的错觉有很大的帮助。这是复盘顺利进行的基础。）

C. 要求所有参与了项目的团队成员，在会议前先各自整理一份在本项目中的"收获清单"。

（不建议，太早准备收获清单，容易产生先入为主的想法，可能会对复盘产生不利影响。最好还是随着复盘的推进，逐步总结出各类经验和教训。）

D. 申请一笔额外费用，用于奖励在复盘会中有突出贡献的参会者。

（不错的想法！复盘耗时费力，虽然结果对大家都有帮助，但是从人性的角度考虑，还是需要内外部驱动力来推动复盘。额外的奖金是很好的外部动力。）

2》 你是某 App 的产品负责人，正准备对过去半年 App 的市场表现进行一次复盘。为此你邀请了各相关部门的主要负责人参与。为了更好地还原真实情况，你建议大家从哪些维度准备复盘素材？

A. 按时间维度梳理 App 在过去半年里的大事记。

（正确，按时间维度是最常用也最容易理解的梳理方式。）

B. 按功能模块梳理 App 各功能的实际使用情况。

（正确，如果 App 的功能模块比较多，可以针对主要的模块进行梳理。）

C. 按地区统计 App 的广告投放量、下载量、活跃度、消费金额等数据梳理。

（正确，按空间维度也是较常见的梳理方式，需要注意的是如果后面的几个参数比较重要，也可以将其单独作为一个梳理维度。）

D. 按会议议程中的主要议题梳理，提前准备相应的素材。

（不建议，如果议题是诸如怎样提高 App 的日活、怎样提高 App 下载量等，可以单独围绕这些主题进行"关键点复盘"。）

E. 按各自部门在本项目推进中遇到的问题进行整理。

（看情况，如果以销售额为复盘核心，来做复盘的都是各地区的营销团队的话，似乎没什么问题。但如果有产品、研发、运营、行政、财务等部门参与，可能就有些不适合了。）

3» 你是公司项目部的主管，在了解了复盘的价值后，你打算将其引入自己的团队。你觉得遵循以下哪些原则，有助于团队形成良好的复盘氛围？

A. 实事求是，不要为了面子而用经过粉饰的信息来得出不正确的结论。

（正确，这也是复盘的核心底层逻辑。在实际工作场景中，确实会遇到一些利益相关者顾及自己的面子，而对一些数据、事实进行粉饰。如有这种情况，一定要严厉制止，否则一旦形成了这种"你好，我好，大家好"的氛围，复盘也就没有价值了。）

B. 空杯心态，不要因为自己是某方面的专家和权威而听不进其他人的建议。

（正确，复盘是为了从过往的经历中学习，不同人的不同视角往往会带来新的洞察，所以一定要保持空杯心态，尽可能从中吸取经验，避免刚愎自用。）

C. 群策群力，站在每个人的视角和立场，集思广益，充分交流。

（正确，三个臭皮匠顶个诸葛亮。复盘时思想的充分交流和碰撞是产生新的洞察的源泉。请坚持这一原则，鼓励大家积极建言献策。）

D. 对事不对人，重要的不是追究责任或论功行赏，而是要对事情产生新的洞察。

（正确，这个原则非常重要。一旦形成了这种氛围，就能避免大家故意提供不真实的信息。）

第五章

谋定后动，
言之有序

用思维导图高效
达成沟通目标

自测问题

1. 你和其他多个部门的同事受邀参加一场新产品需求调研的会议。会上，几位领导主导讨论，其他人发言机会寥寥。部分参会者对主题不熟，显得迷茫。会后，你感觉大家并未达成共识。造成这一情况的原因可能是？

A. 会议邀请了多个部门的同事，但没有筛选与主题直接相关的人员。
B. 会议前没有提供相应的材料，或者参会者并没有提前阅读相关材料。
C. 会议中没有明确的讨论规则，导致讨论过程混乱、时长过长。
D. 会议的议题不够明确，导致讨论偏离主题。

2. 你应邀参加一次行业线下峰会，并将作为分享嘉宾做 45 分钟演讲。你觉得以下哪些做法，有助于你更好地准备此次演讲？

A. 了解本次峰会的主题、活动安排、其他嘉宾的分享议题。
B. 了解本次峰会参会者的背景情况，如行业分布、岗位、职级等。
C. 了解本次峰会演讲场地的相关情况，如屏幕尺寸、音响设备、观众座位排布等。
D. 了解你演讲的时间段，及前一位和后一位嘉宾的演讲主题。
E. 尽早确定你的演讲主题，并着手准备相关的演讲素材。

3. 你作为公司的谈判代表，即将与一家潜在供应商就原材料采购事宜进行正式谈判。你觉得以下哪些做法有助于你达成谈判目标？

A. 回顾过往几年公司同类采购的价格，并确定公司原材料价格的底线。
B. 了解当前这一原材料在市场上的大致价格范围，以及这一材料是否有其他可替代品。

C. 了解行业内其他供应商的情况，做好若谈判不成，评估并联系其他备选供应商的准备。
D. 尽可能多收集这家供应商的相关资料，分析其可能的报价区间。

本章导读
在职场上怎样更高效地沟通

一个人可以走得很快，但一群人才能走得更远。在职场上，无论你的能力有多强，仅凭单打独斗很难取得成功。我们必须学会与他人合作，借助团队的力量实现共同的目标与愿景。而良好的沟通正是打开团队协作之门的金钥匙。通过高效沟通，我们可以建立信任，明确共同目标、各司其职，高效地协同推进工作。

想要实现高效沟通并非易事。倘若没有做任何准备，想到什么就说什么，那么沟通效果往往不尽如人意，也就很难推动工作顺利开展；又或者领导给你布置一项工作，你总是听不懂领导要的是什么，那么最终的工作成果也就很难得到领导的认可。因此，如何"想清楚，说明白，听到位"，已然成为每一位职场人的必修课。

职场沟通模型

沟通，简而言之，就是**信息传递和交换的过程**。如图 5-1 所示，它包含了**发送者、接收者、信息、渠道、反馈**等多个要素。在这个过程中，发送者通过选择合适的方式和渠道，将信息准确、清晰地传递给接收者；而接收者则通过对信息的理解和反馈，完成整个沟通过程，形成有效的沟通闭环。

- **发送者**：信息的发起者，负责对信息进行编码并将其传递出去。
- **信息**：传递的具体内容，可以是语言、文字、图像、视频等形式。

- **渠道**：将信息从发送者传递到接收者的媒介，如当面交谈、电话、电子邮件、微信等。
- **接收者**：信息的接收者，负责对信息进行解码并加以理解。
- **反馈**：接收者针对信息所做出的回应，通过反馈渠道将其传递给发送者。

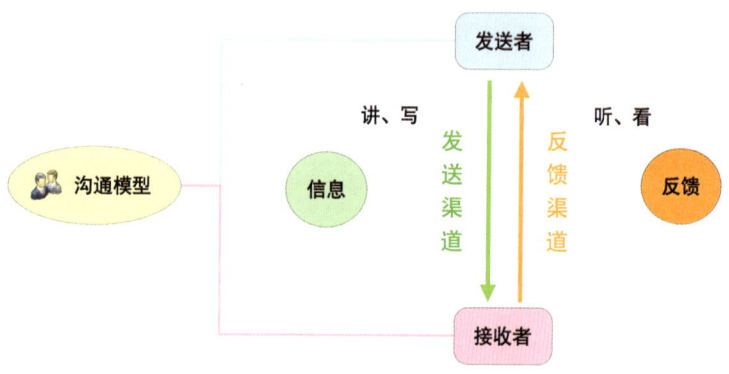

图 5-1　沟通模型

有效的职场沟通，其意义远超出信息的简单交换。它不仅能够消除误解，避免因信息不对称或表达不清晰而产生的隔阂，同时还能增强团队协作，让团队成员之间形成更加紧密的联系，为共同的目标而努力，进而激发团队的创造力和凝聚力。

本章将聚焦如何借助思维导图来更高效地达成沟通目标。

阅读完本章后，你将了解到：

- 沟通的目标是什么？
- 沟通的对象是谁？
- 沟通的场合是什么？
- 沟通的时机是什么？
- 为了达成沟通目标，你需要让沟通对象了解什么？
- 怎样表述，才能更好地让沟通对象理解你的观点？
- 听完你的表述后，沟通对象可能有哪些反馈？

一、职场沟通策略：升维思考，降维沟通

职场上很多失败的沟通案例，看似问题出在未能"说明白"，实则是在沟通前没有"想清楚"。想要在职场上做好沟通，我们可以采用"升维思考，降维沟通"的策略：

- 升维思考（想清楚、听到位）：这是指在沟通前，先将沟通的基本内容（如目的、内容、方式等）逐一梳理清晰，并结合沟通对象、场景、时机等多维度因素，进行更深层次的思考。同时，在倾听他人讲述时，也须思考其想表达的内容及背后的真实意图，以更全面、更深入地理解沟通内容，实现"想清楚、听到位"。
- 降维沟通（说明白）：这是指在沟通过程中，将此前升维思考得出的复杂、抽象的结论，转化为简单、直观、易于理解的表达方式。通过将高维度的思考降维至低维度的沟通，使信息更易于被接收和理解，从而实现"说明白"。

如图 5-2 所示，沟通前思考的起点是 2W1H，即为什么要沟通（Why）、具体要沟通的是什么（What）、如何进行沟通（How）。随

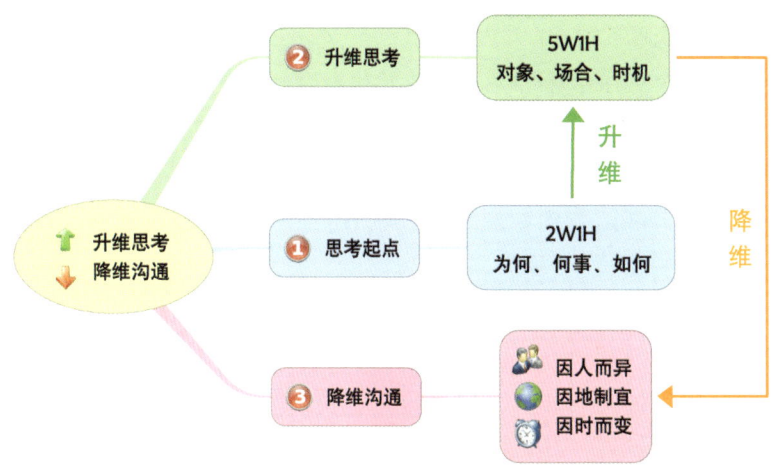

图 5-2　升维思考，降维沟通

后，我们开始升维思考，将具体沟通对象是谁（Who）、具体沟通场合（Where）、具体沟通时机（When）等维度也纳入思考范围，即从 2W1H 升维到 5W1H。最后，我们根据不同的对象、场景、时机再将沟通内容进行降维还原，以实现**因人而异**、**因地制宜**、**因时而变**地沟通。

5W1H 也被称为六何法模型（如图 5-3 所示）。

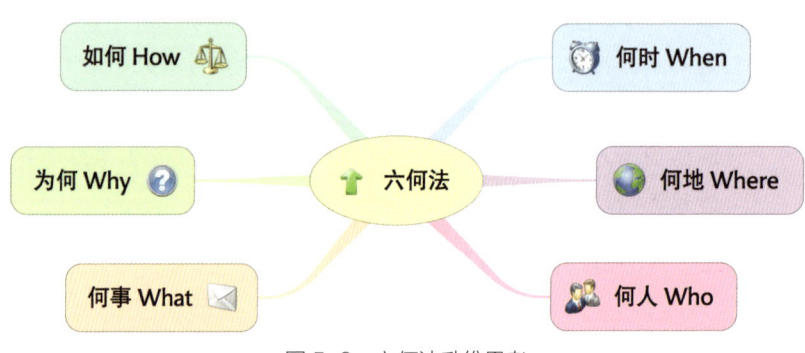

图 5-3　六何法升维思考

- **何时 When**：在什么时间、时机沟通。沟通需要选择适当的时机。
- **何地 Where**：在什么地点、场合沟通。场合不同，信息传递方式也不同。
- **何人 Who**：和谁沟通，他对你要沟通的事情持什么态度。
- **何事 What**：具体要沟通什么事。
- **为何 Why**：沟通这件事的原因、目标、目的。
- **如何 How**：准备用什么方式，通过什么渠道，沟通什么信息。

降维沟通，则可以将思考结果降维成"三何法模型（2W1H）"。如图 5-4 所示，三何法具体是指：

- **为何 Why**：告知沟通对象，为什么要沟通接下来的内容。
- **何事 What**：告知沟通对象，具体要沟通什么内容。
- **如何 How**：告知沟通对象，你希望他听完后，如何采取行动。

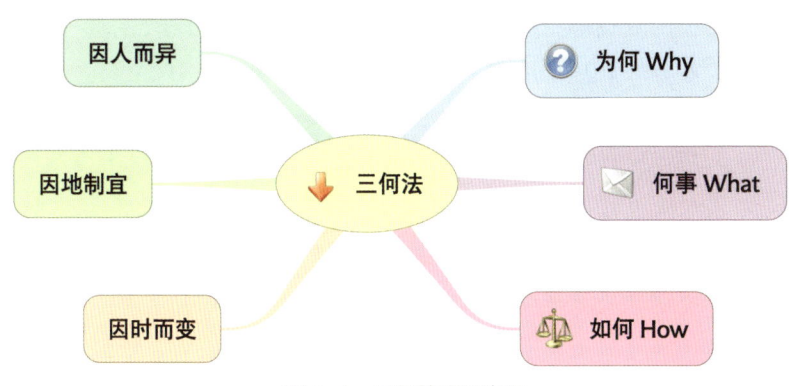

图 5-4 三何法降维沟通

1. 因人而异——深入分析沟通对象

1）四大沟通原则

由于每个沟通对象的职位、沟通偏好、性格特征等均不相同,因此我们在开始沟通前,需要有意识地进行有针对性的准备,以便实现因人而异的沟通。想做到这一点,我们可以遵循以下四大沟通原则:

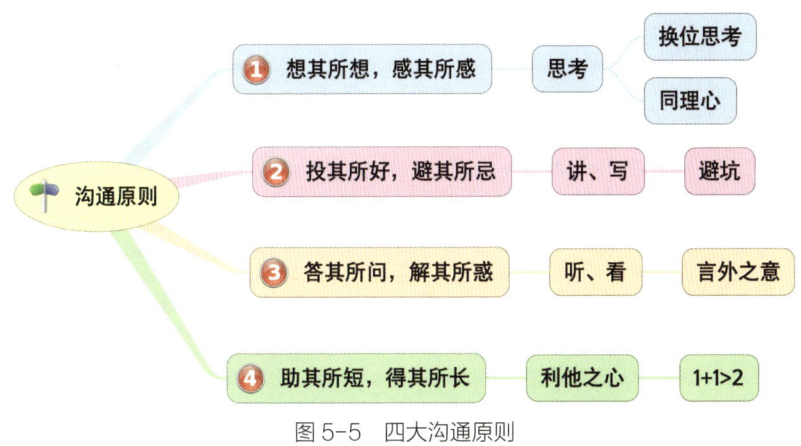

图 5-5 四大沟通原则

原则 1:想其所想,感其所感

第一条原则聚焦于"思考",核心在于引导我们换位思考。也就是要站在沟通对象的角度,去思考他们所关心的要点、可能做出的选择以及所持的立场等。同时，要设身处地地分析他们对于你接下来要沟通的内容会产生怎样的感受，会有哪些情绪反应。

例如，公司今年经营状况欠佳，年底须进行裁员，你作为部门负责人要与被裁员工面谈。此时，你要换位思考，分析被裁员工此刻最关心的要点以及感受。比如，他们会想"为什么是我？"（愤怒、不甘）；会疑惑"是否还有余地？"（期待）；若没有余地，又会关心"补偿的条件是什么？如何最大化保障自己的利益等"（争取更多利益）。在面谈过程中，要及时就这些问题与被优化员工进行交流，让他们切实感受到你确实为他们的利益考虑过，进而更有效地达成沟通目标。

原则2：投其所好，避其所忌

第二条原则围绕"讲、写"展开，核心是帮助我们找到恰当的沟通方式，规避沟通误区。我们需要剖析沟通对象的喜好与厌恶，尽可能从其感兴趣的点入手展开沟通，同时远离他们厌恶的领域。

例如，你有一位客户平时热衷于摄影，还经常在朋友圈分享自己的作品。那么你在与他沟通时，就可以从这些摄影作品切入话题。然而，另一位同事并不了解这一情况，在某次拜访时，无意间提及他对别人在朋友圈晒生活这种行为的反感，觉得这是一种"炫耀"。不难想象，这位客户听到这番言论时的感受，而原本基本敲定的订单也因此流失了。

原则3：答其所问，解其所惑

第三条原则针对"听、看"，要求我们在沟通时，针对沟通对象提出的疑问，给予及时且有针对性的解答。需要留意的是，很多时候我们不能仅理解问题的表面意思，更要深入领会其言外之意。否则，很可能出现答非所问的情况。

例如，你在给一位客户演示公司的产品时，客户突然打断并提出一个问题："这个功能看起来很强大，我担心用起来会很复杂，你能演示下具体操作吗？"此时你要留意到，客户实际上并非真的想看你演示操作流程，而是担忧这个功能后续使用时是否复杂，因为复杂意味着可能会增加他的工作量。所以，最好列举一些具体的案例，展示其他客户在使用该功能后取得的良好效果，且实际花费的工作量并不大，以此消除客户的顾虑。

原则 4：助其所短，得其所长

第四条原则关乎"利他之心"，核心是提醒我们在沟通时，要时刻关注双方的"利益"。这在商务谈判等沟通场景中尤为关键。倘若双方都能秉持"利他之心"，取长补短，就能实现 1＋1＞2 的双赢局面。

例如，你在与一家潜在合作公司进行谈判。他们拥有优质的在线课程资源，但缺乏客户群体；而你所在的公司具备良好的客群资源，却缺少垂直领域的课程内容。若双方达成合作，无疑是理想的双赢局面。谈判时，你首先应明确且强烈地表达合作的意愿，并详细阐述你们能够为对方创造的价值。这种做法显然比一开始就强调你们公司希望从这次合作中获得哪些收益要好得多。对方也会被你的"利他思维"所打动，最终成功达成战略合作。

总结一下，把握好上述四项原则，将极大地提升我们的沟通效率。下一次沟通前，先检验一下自己的沟通方案是否符合这几点。

2）高效应对三类沟通对象

职场上的沟通对象，从沟通者的视角来看，通常可以分为三类：

向上沟通、平行沟通、向下沟通。如图 5-6 所示,面对这三类对象,我们需要有针对性地应对:

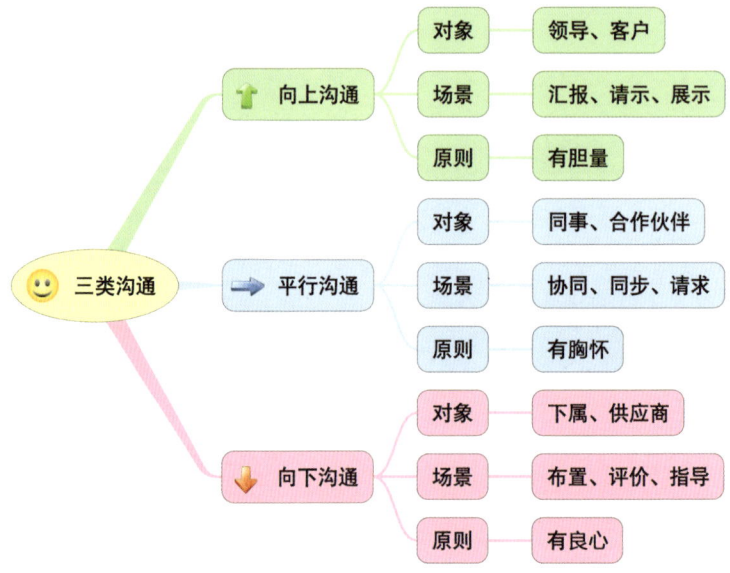

图 5-6 职场上三类沟通对象

- **向上沟通**:职场中的向上沟通,其主要的沟通对象是自己的上级领导或客户。主要的沟通场景包括汇报工作、请示方案、展示成果等。其核心原则是要"有胆量",不要因为沟通对象是自己的上级领导或客户而表现得战战兢兢,患得患失,担心自己的想法被否定,担心自己被批评或训斥。
- **平行沟通**:职场中的平行沟通,其主要的沟通对象是公司里同级的同事或外部合作伙伴。主要的沟通场景包括协同合作、同步信息、请求帮助等。其核心原则是"有胸怀",要理解大家有各自的立场、责任、利益。因此沟通时要避免只考虑自己而不顾别人,出了问题推诿甩锅。
- **向下沟通**:职场中的向下沟通,其主要的沟通对象是你的下属或外部供应商。主要的沟通场景包括布置工作、评价工作、指导工作。其核心原则"有良心",当你管理下属或外部供应商时,你得想一想有没有给予他们足够的帮助,有没有教给他们相应的方法,要做到问心无愧,对得起自己的良心。

总结一下,高效应对职场上的三类沟通,就是要做到:**向上沟通有胆量,平行沟通有胸怀,向下沟通有良心。**

2. 因地制宜——选择合适沟通场合

如图 5-7 所示,沟通时选择合适的场合非常重要。

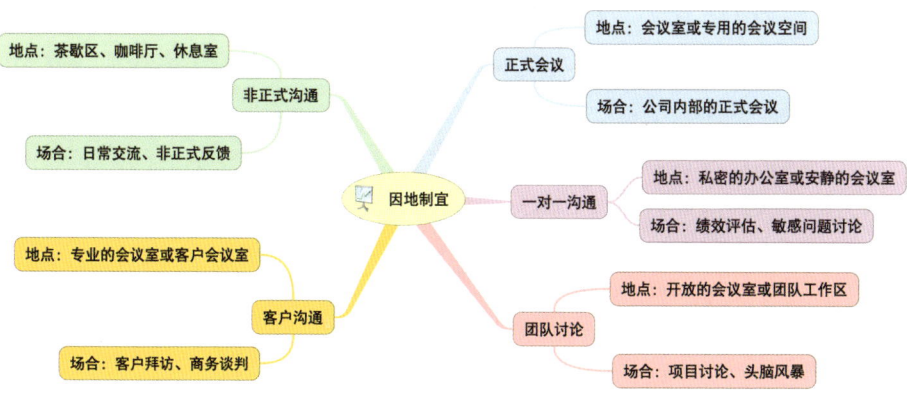

图 5-7　因地制宜选择沟通场合

此外,职场上常用的沟通途径如下表所梳理,你可以根据具体的场景,进行选择。

沟通途径	特点	适用场景
面对面沟通	直接、互动性强	重要决策、敏感问题
电子邮件	正式、记录性强	通知、报告、文档共享
电话	即时、互动性强	紧急问题、快速决策
会议	多人参与、互动性强	项目启动、问题解决、团队协作
即时通讯	快速、便捷	日常交流、快速协调

（续）

沟通途径	特点	适用场景
视频会议	视觉和音频结合	远程办公、客户会议
报告和备忘录	正式、详细	项目报告、决策支持
公告板和通知	公开、广泛	公司公告、部门通知
短信	快速、简洁	紧急通知、日常提醒
在线协作平台	集成多种功能，确保信息安全	文档协作、任务管理、项目管理

3. 因时而变——把握最佳沟通时机

我们先来思考一个问题，哪些情况不适宜驾车？你可能想到的答案包括：酒后不能驾车、疲劳时不能驾车、身体不适时不能驾车、情绪冲动时不能驾车等。在沟通中，同样也需要注意选择最佳的沟通时机，你肯定不希望自己在很疲劳的时候，去找一个刚喝完酒的同事沟通拜访客户的准备事宜。因为双方都不在最佳状态，这时候沟通不可能会有好的结果。

如图 5-8 所示，选择合适的沟通时机非常重要。

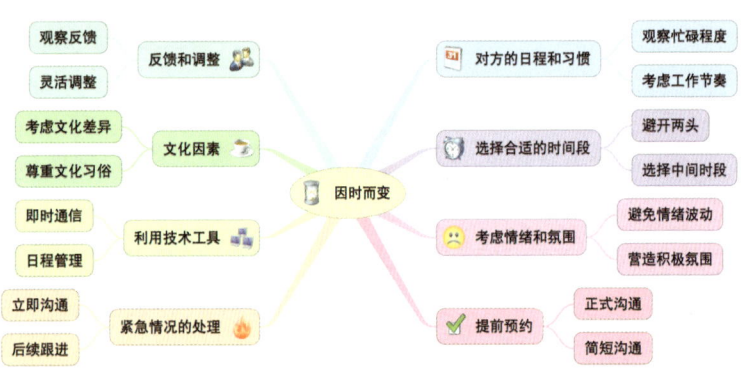

图 5-8　因时而变把握最佳沟通时机

二、职场高效沟通场景：会议

会议可以说是职场上最高频的沟通场景之一，然而大多数会议的沟通效率并不高,这就导致了会议的价值缩水。我们先来算一笔账:**一场会议的价值 = 会议成果创造的价值 − 与会者的时间成本**。会议刚结束的时候,我们可能很难评估会议所能创造的价值,但是我们却很容易计算出与会者的时间成本,即所有与会者的时薪总和乘以开会的时间(单位:小时)。

> 例如,某次公司高管的会议,假设这些人每年的收入是100万元,那么每位参会者的时薪约为480元。这也就意味着一场有10位高管参加的会议,每小时的成本就能达到近5000元,半天的会议成本差不多是2万元。

会议发起人召集大家开会时,必须意识到参加该会议的人员会耗费巨大的工资成本。想象一下,如果让你自掏腰包向每个人支付这笔费用,你是否愿意承担这些开会成本?

如图5-9所示,职场上的会议,通常存在以下四大问题:

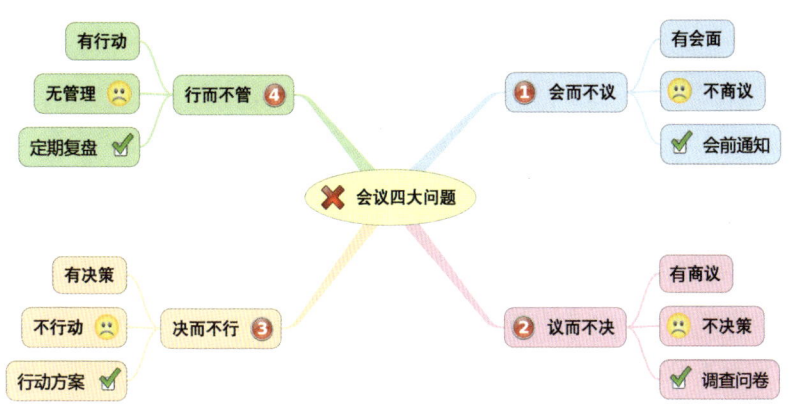

图5-9 会议四大问题

问题一:会而不议

会议原本指一群人会面并进行商议、讨论。然而在实际场景中,一群人(无论是线下面对面还是线上远程)会面后,却没有真正就某个议题展开充分的商议、讨论。更多时候，都是会议发起人在单方面传递信息或宣布决议。其实，这种"一言堂"完全可以通过邮件、企业微信、飞书、钉钉等方式直接通知决议，这样做效率更高，没必要占用大家的时间，增加会议成本。

问题二：议而不决

相比"一言堂"，这种包含商议、讨论的会议已算有所进步。但由于种种原因，比如缺乏清晰的会议决策流程、发言顺序不恰当（如领导、专家先讲）等，最终议论了半天，却没有形成任何实质性的结论或决议。从本质上说，这种会议浪费了大家的时间，产生了高昂的会议成本。

问题三：决而不行

相比问题二，这次大家好不容易在会议上达成一致，形成了最终决议，却没有很好地执行落地。这就好比大家到饭店吃饭，研究半天菜单后，选出了一桌丰盛的菜肴，却没人扫码下单或叫服务员点单，最终只能一起饿肚子。

问题四：行而不管

会后，按决议执行了，但却没有人继续跟进，这也会带来新的风险。就好比饭店里那一桌人，总算有人扫码下单了，却没人关注服务员端上来的是不是大家点的菜肴，万一送错了或送少了也没人关心，这显然是有问题的。在企业中，需要有人持续跟踪并检验会议成果的落地情况，一旦发现问题，要及时纠错。

以上四个问题，你是不是也深有同感？那么怎样才能更好地提升会议效率呢？我们需要做好以下几点：**评估会议是否有必要召开、做好会议前的准备、把控会议中的讨论、关注会议后的跟进**。下面我们就来逐一介绍。

1. 评估会议是否有必要召开

评估召开会议的必要性，可以参考以下维度：

问题复杂性：

低：问题简单，可以通过简短的沟通或电子邮件解决。

中：问题较为复杂，需要进行讨论和协调，但不一定需要多部门参与。

高：问题非常复杂，需要多部门协作和深入讨论，可能涉及多个利益相关者。

问题影响范围：

小：问题影响范围有限，仅涉及少数人或局部业务。

中：问题影响范围较广，涉及多个团队或部门。

大：问题影响范围广泛，涉及整个组织或多个关键利益相关者。

问题紧急性：

低：问题不紧急，可以延后处理。

中：问题比较紧急，需要在一定时间内解决。

高：问题非常紧急，需要立即解决。

问题决策层级：

低：问题不需要高层解决，团队成员可以自行解决。

中：问题需要中层管理解决，可能影响部门资源分配。

高：问题需要高层解决，可能影响公司战略或重大资源分配。

评估维度	评分标准	分数范围
问题复杂性	低：10分，中：20分，高：30分	10~30
问题影响范围	小：10分，中：20分，大：30分	10~30
问题紧急性	低：10分，中：20分，高：30分	10~30
问题决策层级	低：10分，中：20分，高：30分	10~30

如上表所示，可以根据得到的总分，按以下建议执行：

- **总分＜50分**：建议通过电子邮件或即时通信工具解决，无须召开会议。

- 50 分 ≤ 总分 < 80 分：建议安排一个简短会议，确保问题得到快速解决。
- 80 分 ≤ 总分 < 100 分：建议安排一个专题会议，确保问题得到深入讨论和解决。
- 总分 ≥ 100 分：建议召开高层会议，提前准备详细的会议资料并通过邮件发送给与会者，确保会议高效且有成果。

2. 做好会议前的准备

如果经过上一步骤的评估后，你发现还是需要召开会议，那么接下来就要充分做好会前准备。

识别常见会议类型

如图 5-10 所示，职场上常见的会议类型：

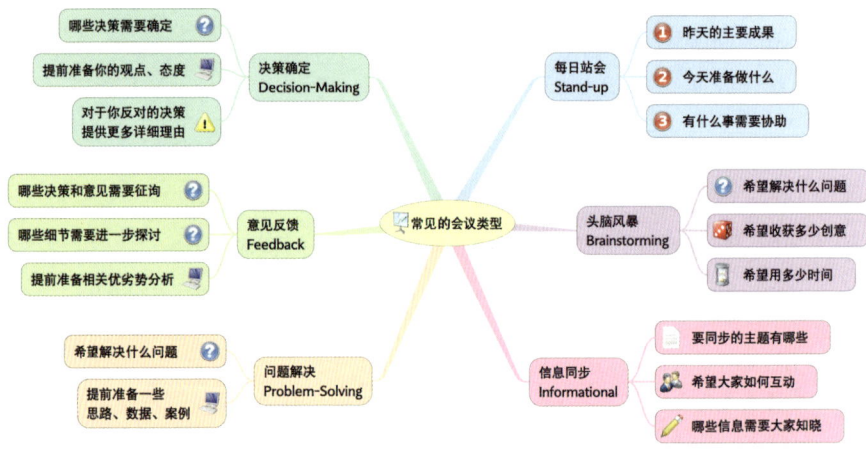

图 5-10　职场上常见的六类会议

会议类型	目的	特点	适用场景
每日站会	快速同步，识别障碍	时间短，站立进行，结构化	敏捷开发团队，项目团队
头脑风暴	创意生成，解决问题	自由联想，数量优先，无批评	创新项目，问题解决

(续)

会议类型	目的	特点	适用场景
信息同步	信息共享，传播知识	单向沟通，简洁明了，互动性低	公司重大决议，项目启动会，新政策颁布
问题解决	识别问题，解决方案	结构化讨论，多角度分析，制订行动计划	技术问题，业务问题
意见反馈	收集意见，改进工作	开放性、具体性、建设性	绩效评估，项目评估
决策确定	明确决策，达成共识	数据驱动，多方案比较，明确责任	战略决策，项目决策

通知大家做好准备

当我们确定要开会之后，就可以着手准备发送会议通知了。通常一个会议的通知包含以下关键点：

- **会议目的**：这场会议的主题，希望达到的目的。
- **会议类型**：如前文所介绍的几种会议类型。
- **会议时间**：明确告知日期、时间、会议时长。
- **会议地点**：明确告知具体会议地点，如果是线上会议则应附上会议链接。
- **参会人员**：罗列具体参会人员、部门、职位等信息。
- **会议议程**：罗列具体会议议程，如果某项议程由某位参会人员负责，也可以一并列出。
- **相关材料**：提前准备相关会议材料，方便所有参会者提前查看。
- **会前准备**：明确告知是否有具体的参会前准备工作。

如图 5-11 所示，使用思维导图发布会议通知，可以将相关信息浓缩放在一张图上，方便与会者全面了解会议情况，并做好相应的会前准备工作。

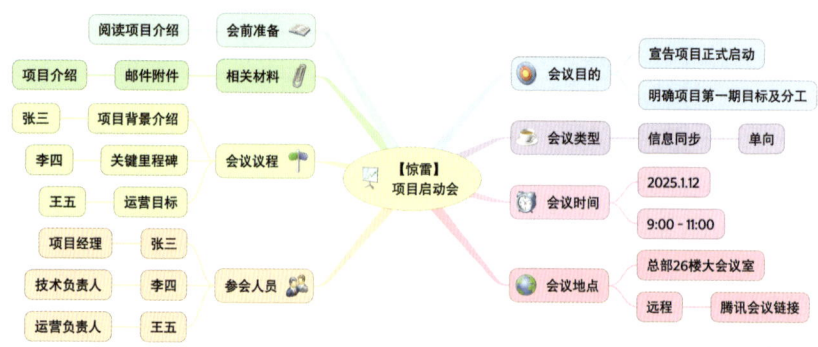

图 5-11 思维导图形式的会议通知

3. 把控会议中的讨论

会议的核心,就是让大家充分地商议、讨论。在思想的碰撞中,源源不断地产生灵感、创意,群策群力解决工作中的难题。在实际工作场景中,"会而不议"的情况屡见不鲜,因此我们需要把控好会议中的讨论,真正发挥会议的价值。下面介绍几个相关的工具和方法:

1)用头脑风暴激发创意

在会议中我们经常会用头脑风暴来获得灵感。需要特别强调的是,此前提到的四条头脑风暴"铁律",在会议时同样需要被严格遵循。

如果你担心大家因碍于情面而影响头脑风暴的效果,还可以采用"书面"头脑风暴的方式,即借助头脑风暴表格或在线协同工具,进行"沉默"的书面创作。以下表格可供参考:

头脑风暴主题		
灵感创意 A	灵感创意 B	灵感创意 C
参与者 1		
参与者 2		
参与者 3		
参与者 4		

（续）

	灵感创意 A	灵感创意 B	灵感创意 C
参与者 5			
参与者 6			

每位参与者先领取一张表格，使用 5 分钟时间，围绕表头所标注的头脑风暴主题，写出三个灵感创意，并分别填写于自己的行内。5 分钟后，将表格传递给其他参与者，然后在新拿到的表格里参考别人的创意并继续填写。填满一张表格需要 30 分钟，这样在 30 分钟的时间内，我们总共可以收获 $3 \times 6 \times 6 = 108$ 个灵感创意。

2）用六顶思考帽统一立场

前文曾介绍了著名的六顶思考帽，在会议中可以通过使用该工具来统一与会者的"立场"，实现同频沟通。如下表所示，主持人可以借助以下问题来引导大家思考：

帽子	思考角度	可参考问题
白色	客观事实与数据	1. 当前项目有哪些已验证的数据支持？ 2. 信息来源是否可信？ 3. 用户调研的反馈结果是什么？ 4. 需要补充哪些关键信息？ 5. 历史案例中相似的成功/失败概率如何？
红色	直觉与情感	1. 对当前问题的第一直觉是什么？ 2. 听到这个方案时，是否感到不安或兴奋？ 3. 如果没有数据限制，你倾向于怎么做？ 4. 该决策会让团队产生哪些情绪？ 5. 是否对某个环节有强烈的反对/支持倾向？
黑色	风险与批判	1. 该方案最大的潜在风险是什么？ 2. 哪些环节可能违反法规？ 3. 执行中会遇到哪些不可控因素？ 4. 成本超出预算的可能性有多大？ 5. 这个决策是否存在伦理问题？

（续）

帽子	思考角度	可参考问题
黄色	乐观与价值	1. 该方案最吸引人的创新点是什么？ 2. 成功实施后能产生多少收益？ 3. 哪些优势是竞品无法复制的？ 4. 是否存在未开发的附加价值？ 5. 这个决策对品牌声誉有何提升？
绿色	创新与可能性	1. 如果用完全不同的技术路线会怎样？ 2. 哪些跨行业的解决方案可以借鉴？ 3. 现有流程中有哪些环节可以颠覆？ 4. 如果把预算砍半会催生什么新思路？ 5. 如何通过用户痛点创造附加服务？
蓝色	过程控制与总结	1. 当前讨论是否聚焦在正确维度？ 2. 需要切换哪种思考帽进行补充？ 3. 已达成哪些有效结论？ 4. 各方观点是否存在系统性矛盾？ 5. 下一步应如何分解关键行动项？

3）用思维导图做视觉辅助

会议中经常使用幻灯片，但是幻灯片需要翻页，随着会议的进行，大家会淡忘此前讲过的内容。正因如此，越来越多的企业开始尝试使用思维导图来作为会议的视觉辅助。其主要的优势在于：

- **信息量大**：思维导图可以将大量信息浓缩在一张图上。
- **节省时间**：自从幻灯片成为会议标配，大家往往会花费很多时间在美化幻灯片上，而真正重要的其实是其呈现的内容。通过思维导图进行会议，可以有效地压缩美化幻灯片所需的时间。
- **动态更新**：思维导图可以随着会议的进行随时补充扩展，相之下幻灯片通常都是会前制作的，会议中很少会修改幻灯片。如今在线协同绘制思维导图非常方便，身处异地的与会者可以在线共创，随时记录灵感创意。
- **方便分享**：思维导图可以将会议讨论的内容，直观地记录下来。会议一结束,会议纪要便已经完成,一键即可分享。相比传统的方式,效率有巨大的提升。

4)做好会议中的即兴发言

会议中经常需要即兴发言。图 5-12 提供了一些常用的即兴发言结构:

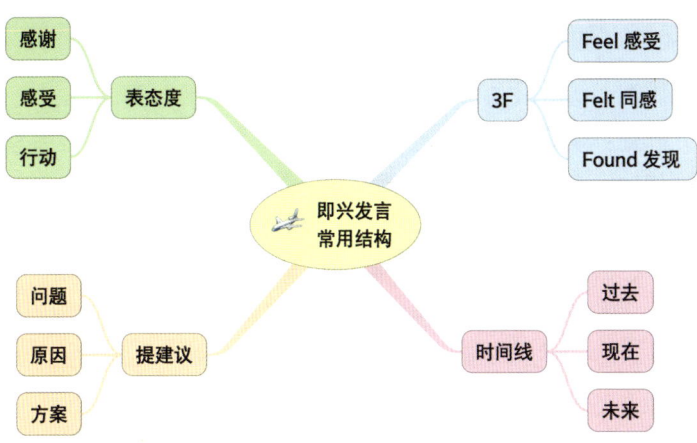

图 5-12 常用的即兴发言结构

3F 结构:

- 感受(Feel,F):首先复述其他与会者的观点,肯定对方的感受、感觉。
- 同感(Felt,F):随后表述自己也有类似的感受、感觉,从而拉进彼此距离,避免因观点不同产生争执、冲突。
- 发现(Found,F):在完成上述两步之后,再谈谈你的想法、建议。

时间线结构:

- 过去:参加本次会议之前,我的观点、感受、理念、认知等。
- 现在:在本次会议之后,我产生了哪些新的观点、感受、理念、认知等。

- **未来**：在今后的工作中，我希望（做出哪些改变）……

提建议结构：

- **问题**：我刚刚想到了一个问题（阐述问题）。
- **原因**：我分析了一下可能的原因（阐述原因）。
- **方案**：初步的方案（记得一定要给出解决方案，哪怕是初步的）。

表态度结构：

- **感谢**：首先对之前的发言人表示感谢。
- **感受**：谈谈你现在的感受。
- **行动**：展望未来你会采取哪些行动。

4. 关注会议后的跟进

如图 5-13 所示，会议结束后，需要重点跟进相关决议的实施情况。

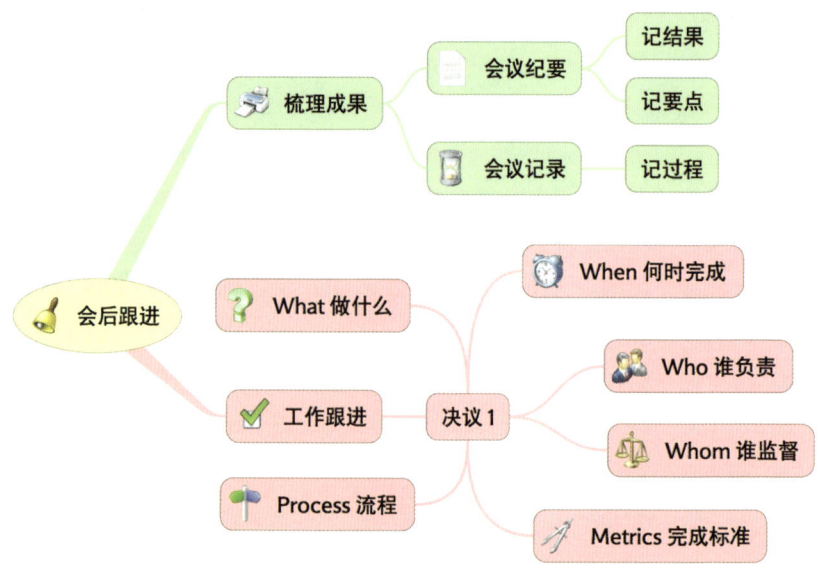

图 5-13　关注会后决议的落地跟进

会议后要梳理成果,通常产出物为会议纪要和会议记录。这两者的差别在于,纪要是记录结果和要点,而记录则是完整记录会议过程。

- **会议纪要的形式**:简要的文本、幻灯片、思维导图等,用于快速回顾会议核心。
- **会议记录的形式**:会议全文、完整音频、完整视频等,用于归档备份。

三、职场高效沟通场景:演讲

在职场上,你总会遇到一些对未来发展轨迹产生重大影响的关键时刻,比如一场竞争激烈的竞聘演讲、一场高规格行业论坛上的分享或一次机会难得的产品路演等。如果你具备优秀的演讲能力,就更容易把握住这些关键时刻,让未来的职场道路更宽广。本节将介绍如何借助思维导图提升你的演讲能力。

如图 5-14 所示,准备一场演讲时可以参考 AUDIENCE 模型。首先,明确定义你希望通过这次演讲实现的目的及具体目标。接着,详细分析观众的画像(例如年龄范围、性别、国籍、文化背景等)、他们的知识水平以及可能的兴趣点。掌握了这些信息后,就能因人而异地准备相应的演讲内容。最后,根据演讲场地、环境和时机等因素做好相应的准备。

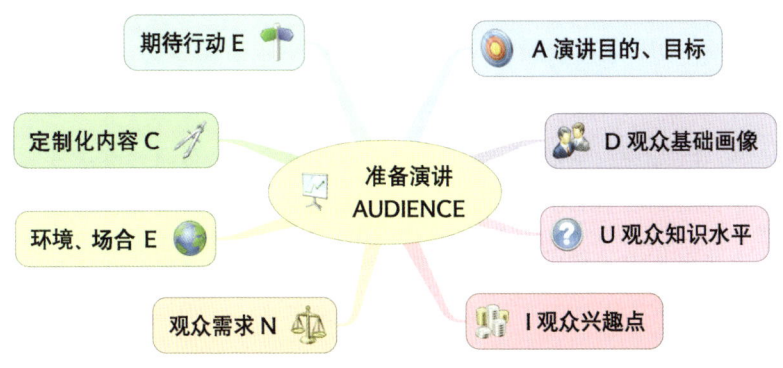

图 5-14 AUDIENCE 分析

1. 演讲前，做好充分的准备

1）明确演讲的目的及目标

演讲前，我们首先要思考的就是演讲的目的（Objective）及具象化的目标（Goal）。第四章中，我向大家介绍了 OGSM 模型，其中将目的和目标进行了区分：

- **目的**，是做某件事的原因或初心（Why）。
- **目标**，则是一个具体可衡量目的达成情况的标准（What）。

例如，你代表公司参加一个行业峰会，并将以分享嘉宾的身份做 45 分钟演讲。你的目的是借助此次演讲展现你们公司的雄厚技术实力并提升品牌形象；你的目标是吸引至少 150 位潜在客户来现场听演讲，并且有 15 位客户在演讲后留下联系方式，成为意向客户。

在 AUDIENCE 模型中，与此相关的点包括：

- **目的、目标（A）**：通过本次演讲，你希望达到的目的、目标。
- **期待行动（E）**：希望观众在听完演讲后所采取的行动、发生的观念或行为改变等。

2）分析了解观众的情况

明确演讲目的和目标之后，我们需要深入分析观众，以便更好地掌握他们的情况，有针对性地准备演讲内容。

在 AUDIENCE 模型中，与观众相关的点包括：

基础画像（D）：分析观众的基本情况

- **年龄范围**：不同年龄段的观众，对于同一个话题的看法可能大相径庭，因此如果能在演讲前掌握这一信息，将能很好地"投其所好，避其所忌"。
- **性别**：男性和女性可能对不同的话题有不同的兴趣。
- **国籍**：不同的国籍可能意味着不同的文化背景。

知识水平（U）：分析观众对你所讲内容的理解程度

- 专业观众：如果观众是专业人士，可以使用专业术语和更具深度的内容。
- 非专业观众：如果观众是非专业人士，则需要使用通俗易懂的语言和生动的比喻。

兴趣点（I）：分析观众对你所讲内容是否会感兴趣

- 积极态度：如果观众对演讲主题持积极态度，演讲时可以更开放并增加互动环节。
- 消极态度：如果观众对演讲主题持消极态度，演讲时需要更谨慎并减少互动环节。
- 中立态度：如果观众对演讲主题持中立态度，演讲时可以尝试提供多元化的观点。

需求（N）：识别观众的需求

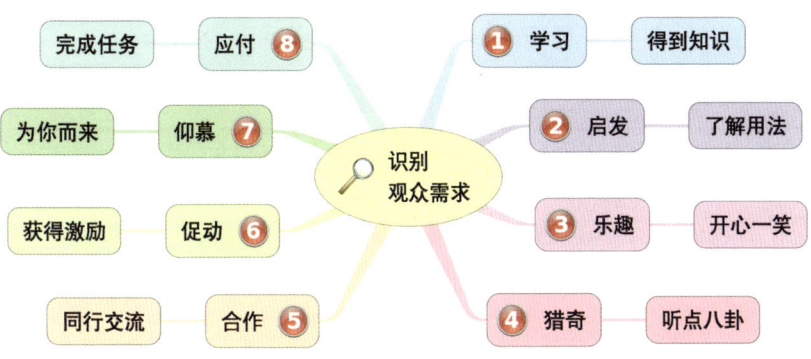

图 5-15 识别观众需求

- 学习：观众想学习相关的知识，了解相关的信息、资讯、行业动态等内容，因此来观看你的演讲。
- 启发：观众可能已经对相关内容有了一定的了解，但是想进一步通过你的演讲获得一些灵感和启发。
- 乐趣：观众想放松一下，从你的演讲中获得一些乐趣。如果你的演讲偏技术性，内容相对比较枯燥，可以在演讲中加入几个比较有趣的小故事，让观众开心一笑。
- **猎奇**：观众带着一些猎奇的心理，希望能从你的演讲中听到一些八卦、趣事等。例如，某个公司的创始人给大家分享公司创立的初心、目的等内容。
- **合作**：观众希望通过你的演讲，寻找一些潜在的合作机会。
- **促动**：观众希望通过你的演讲，获得一些激励，从而促动他们采取一些行为。
- **仰慕**：观众可能原本就是你的粉丝，单纯是来听你的演讲。
- **应付**：有些时候观众其实并不是真的对你的演讲内容感兴趣，只是因为某些原因不得不应付一下。

3）个性化设计演讲内容

明确了演讲的目的并深入分析了观众的情况之后，就可以设计个性化的演讲内容了。

在 AUDIENCE 模型中，与内容设计相关的点包括：

环境、场合（E）：根据演讲环境来提前做好相应的准备

场所	环境特点	声音控制	视觉辅助	互动方式
会议厅	较大，观众较多，专业设备	使用麦克风，声音要大而清晰，避免回声和杂音	大屏幕投影，字体和图像要清晰可见	适当走动，与不同位置的观众进行眼神交流
教室	较小，观众通常是学生	适当使用麦克风，确保声音覆盖整个教室	黑板或投影仪，字体和图像要清晰	设置提问和讨论环节，提高观众参与度
礼堂	较大，观众较多，用于大型活动	使用专业音响设备，确保声音覆盖整个礼堂	大屏幕投影，字体和图像要清晰可见	适当走动，与不同位置的观众进行眼神交流
网络直播	通过网络平台，观众分布广泛	确保网络稳定，使用高质量的麦克风	高清摄像头，虚拟背景或绿幕，增强视觉效果	弹幕互动、实时问答，安排专人回复

（续）

场所	环境特点	声音控制	视觉辅助	互动方式
小会议室	较小，观众较少，用于内部会议	适当使用麦克风，确保声音覆盖整个会议室	投影仪或白板，字体和图像要清晰	设置小组讨论、角色扮演等互动环节
户外场地	开放空间，观众可能分散，环境嘈杂	使用便携式扩音器，确保声音覆盖整个场地	大型横幅或展板，字体和图像要清晰可见	适当走动，与不同位置的观众进行眼神交流
展览馆	较大，观众在参观展览时听演讲，环境嘈杂	使用便携式扩音器，确保声音覆盖整个展览区域	展板或展示架，字体和图像要清晰可见	适当走动，与不同位置的观众进行眼神交流

定制化（C）：根据观众的不同画像和需求，有针对性地调整演讲内容

观众类型	内容	语言风格	互动方式	视觉呈现	结尾设计
专业观众	专业的数据和研究结果	专业、准确	专业问题讨论	专业图表、数据	总结关键数据和结论，提出具体行动建议
非专业观众	通俗易懂的内容，多用事例	通俗易懂、生动有趣	简单互动，如提问、投票	生动图像、视频	总结主要观点，提出简单行动建议
年轻观众	创新的内容，多用网络流行语	轻松、活泼	社交媒体互动，如弹幕	时尚、动感的视觉效果	总结主要观点，提出创新行动建议
老年观众	传统的内容，多用历史典故	简洁、明确	简单互动，如提问、分享	清晰、简洁的视觉效果	总结主要观点，强调传统价值观和经验

2. 演讲时，抓住观众的注意力

1）开场：吸引观众的注意力

演讲的开场对于整场演讲的成败至关重要，因此在最开始的几分钟里，必须尽可能激发观众的兴趣，牢牢抓住他们的注意力。请记住，你要讲什么，取决于观众想听什么。**重要的不是你讲了什么，而是观众听到了什么。**

想要做好演讲开场，首先需要把你想要讲的，变成观众想要听的。我曾经向大家介绍过的 WIIFY 模型（What's in it for you），在演讲中也非常有效：

- 为什么这对您很重要？（对观众的价值/利益、风险/后果）
- 这对您意味着什么呢？（站在观众的视角解释，观众听完会有哪些收益，不听会有哪些损失）
- 为什么我和您说这些？（站在观众立场分析，观众听完会有哪些收益，不听会有哪些损失）

> 例如，今天我要和大家介绍新型疫苗的研发情况，这个即将上市的产品，运用了最新的技术，可以有效减少不良反应（收益）。但是在以下几类特殊人群中，可能会有一定风险，需要大家引起重视（损失）……

引起大家的注意之后，接下来需要给大家一个明确的简介，包括时间、内容、规则等：

- 时间：今天的演讲大约会持续多久；
- 内容：今天的演讲将介绍哪些核心内容；
- 规则：今天的演讲将按什么规则进行，如中间能否打断、结束后是否有答疑互动等。

> 例如，今天我将花 45 分钟时间，来和大家分享人工智能在公文写作中的最新应用情况及案例。在分享结束后，会预留 10 分钟时间来和大家互动。

2）过程中：使用故事传递价值

开场后，如果你已经成功抓住了观众的注意力，那么接下来就进入了演讲的主体阶段。这一阶段你的核心目标就是通过持续输出价值，让观众始终跟着你走。要注意的是，没有人喜欢听说教，但人人都爱听故事！

每当你试图用道理来对观众说教时，都会激活人们的心理防御机制，一旦防御机制被激活，将产生以下影响：

- **抵触和拒绝**：观众可能会对演讲者的话产生抵触情绪，拒绝接受演讲者的观点或建议；
- **批评和反驳**：观众可能会对演讲者的话进行批评和反驳，甚至可能打断演讲者；
- **情绪化反应**：观众可能会表现出强烈的情绪反应，如愤怒、悲伤或焦虑；
- **转移注意力**：观众可能会转移注意力，不再关注演讲者的演讲内容，开始做其他事情。

想要绕过这种心理防御机制，最好的办法就是讲故事。几千年来传承信息的最好方式就是故事，我们的大脑天生就爱听故事。

例如，你在演讲中想劝大家戒烟：

讲道理：

吸烟有害健康！你应该戒烟了！

讲故事：

> 小李："听说小张最近戒烟了，之前他一天要抽两包呢，真想不通他是怎么做到的！"
>
> 小王："好像是他的孩子病了，据说还挺严重。医生告诉他，孩子的病主要是长期吸入二手烟引起的，他听了之后很后悔，就开始戒烟了……"

小李:"还有这种事啊……我女儿最近也总咳嗽,看来我也得少抽点烟……"

很明显,讲道理的话,大多数人左耳进右耳出,根本不会往心里去。讲故事时,虽然完全没有提到吸烟有害健康,而是把这一信息融入了一段对话,却成功引发了对方的反思,这就是故事的力量。

如图 5-16 所示,你在准备演讲时,通常先借助水平思考来收集素材并提炼与主题相关的价值点;随后再根据具体演讲场景,选择常用的框架作为主线,将之前的价值点素材放到主线上。

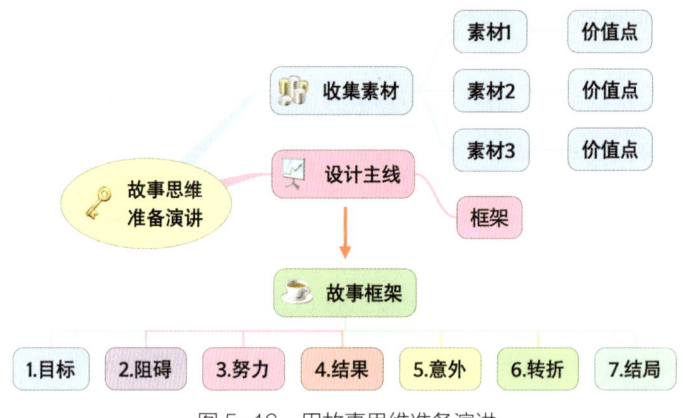

图 5-16　用故事思维准备演讲

主线可以参考电影、电视中常见的"英雄之旅"故事线:

- 目标:故事中主人公的目标是什么?
- 阻碍:为了实现目标,主人公需要克服的阻碍是什么?
- 努力:为了克服阻碍,主人公付出了哪些努力?
- 结果:这些努力取得了什么结果?目标是否实现了?
- 意外:出现了哪些意外情况?这些意外会对前面的结果产生什么影响?
- 转折:意外带来的转折是什么?

- 结局：最终的结局是什么？

如图5-17所示，演讲中常用到的"三点式"故事结构：

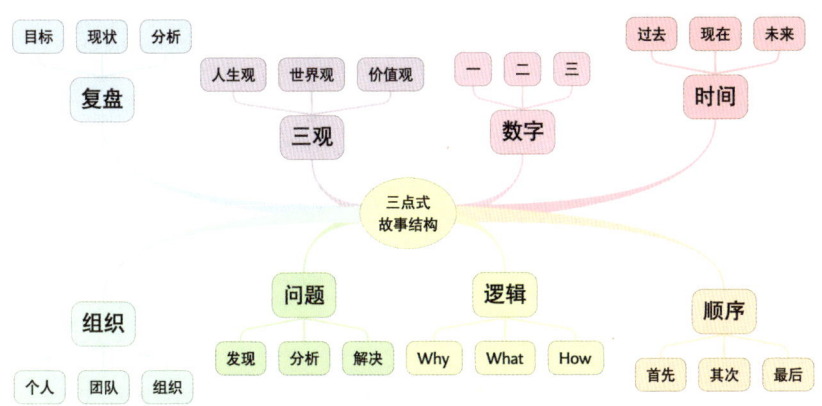

图5-17 三点式故事结构

- 逻辑结构：Why、What、How
- 时间结构：过去、现在、未来
- 数字结构：一、二、三
- 顺序结构：首先、其次、最后
- 组织结构：个人、团队、组织
- 三观结构：人生观、世界观、价值观
- 问题结构：发现问题、分析问题、解决问题
- 复盘结构：目标、现状、分析

3）结尾：回顾总结，号召行动

如图5-18所示，演讲的结尾阶段，需要对内容进行回顾总结，并号召观众采取相应的行动。

- 总结重点：对演讲中的重点内容进行总结，建议使用关键词，以强化观众记忆。
- 呼吁行动：在思考演讲目的时，通常会希望观众听完演讲后采取某种行动。在演讲结尾,可以清晰地给出提示(参考福格行为模型中的P)。
- **留下悬念**:就像电视连续剧一样,在演讲的最后可以留下一些悬念,引发观众思考。同时也为后续的互动环节提供一些素材。
- **名言金句**:为了将演讲的影响力扩大,可以总结一些名言金句。如一些跨年演讲,经常会整理名言金句并做成海报,方便观众通过社交途径传播。
- **感谢观众**:如果说前面几个都是可选项,那么感谢观众则是必选项。

图 5-18 演讲结尾阶段的设计

3. 演讲后,及时复盘总结

1)把控互动环节

演讲结束后,如果有互动环节,则需要先回答观众的提问,常用的技巧如下:

- **认真倾听问题**:全神贯注地听观众的问题,不要打断他们。通过点头、微笑等肢体语言表示你在认真听。
- **重复或确认问题**:确保你理解了观众的意图。这也有助于其他听众理解问题。

- **引导观众思考**：如果问题没有明确答案，可以引导观众思考，而不是直接给出答案。
- **诚实回答**：如果不知道答案，诚实地承认，并承诺会查找答案。
- **控制回答时间**：如果问题复杂，可以简要回答后，邀请观众会后进一步交流。
- **感谢提问**：无论问题如何，都要感谢提问的观众，鼓励更多人提问。

2）及时复盘总结

每次演讲都是一次宝贵的经验，值得认真复盘总结。可以参考本书第四章介绍的方法：

GBB 复盘模型

- **演讲中做得比较好的地方（Good）**：回顾演讲中比较满意的地方。
- **演讲中做得不太好的地方（Bad）**：回顾演讲中自己不太满意的地方。
- **演讲中可以做得更好的地方（Better）**：思考哪些地方可以换一种方式做得更好。

SSC 复盘模型

- **开始做（Start）**：有哪些新的方法、素材，可以加入演讲中。
- **停止做（Stop）**：有哪些不太好的方法、素材，应停止使用。
- **继续做（Continue）**：有哪些方法、素材可以继续沿用到下一次演讲中。

本章总结

1. 沟通前，可以参考 AUDIENCE 分析模型，将沟通目的、沟通对象背景、沟通场合、沟通时机等因素考虑清楚，从而实现升维思考。

2. 职场有三类沟通，向上沟通要"有胆量"，平行沟通要"有胸怀"，向下沟通要"有良心"。
3. 同样的沟通目的和内容，在面对不同沟通对象、不同沟通场合、不同沟通时机时需要做相应的调整，即因人而异、因地制宜、因时而变。
4. 四大沟通原则：①想其所想，感其所感；②投其所好，避其所忌；③答其所问，解其所惑；④助其所短，得其所长。
5. 开好一场会议：①评估是否有必要开会；②做好会议前的各项准备工作；③把控好会议中的讨论环节；④做好会议后的各项跟进工作。
6. 做好一场演讲：①制定清晰的演讲目标；②深入分析观众的画像及需求；③针对性设计演讲内容；④开场阶段，抓住观众的注意力；⑤中间阶段，用故事传递价值；⑥结尾阶段，回顾演讲要点并号召观众采取行动；⑦演讲后，及时复盘总结。

自测详解

1. 你和其他多个部门的同事受邀参加一场新产品需求调研的会议。会上，几位领导主导讨论，其他人发言机会寥寥。部分参会者对主题不熟，显得迷茫。会后，你感觉大家并未达成共识。造成这一情况的原因可能是？

A. 会议邀请了多个部门的同事，但没有筛选与主题直接相关的人员。

（正确。会议的核心在议，人多并不能确保效果。邀请时尽可能选择与会议主题相关的人员。）

B. 会议前没有提供相应的材料，或者参会者并没有提前阅读相关材料。

（正确。从现场情况来看，可能就是没有提前发送资料，或者与会者没有提前查看。）

C. 会议中没有明确的讨论规则，导致讨论过程混乱、时长过长。

（正确。当会议由几位领导主导时，员工可能不太敢发言。会议应尽可能安排一位主持人，由他来引导和把控会议，效果可能会更好。）

D. 会议的议题不够明确，导致讨论偏离主题。

（正确。如果会议没有明确的议题，很容易变得你一言我一语，看似热闹但实际都在天马行空。要确保会议效果，一定要提前明确议题并严格把控。）

2 ≫ 你应邀参加一次行业线下峰会，并将作为分享嘉宾做45分钟演讲。你觉得以下哪些做法，有助于你更好地准备此次演讲？

A. 了解本次峰会的主题、活动安排、其他嘉宾的分享议题。

（正确。掌握这些信息将有助于你更好地拟定演讲主题。）

B. 了解本次峰会参会者的背景情况，如行业分布、岗位、职级等。

（正确。你所要讲的内容，主要取决于观众想听什么。对观众的了解越深入，你演讲成功的可能性就越高。）

C. 了解本次峰会演讲场地的相关情况，如屏幕尺寸、音响设备、观众座位排布等。

（正确。同样的演讲内容，也需要因地制宜地调整。假如演讲场地面积很大，屏幕尺寸较大，那么你的幻灯片的字号就应该做相应的调整。确保能对演讲起到好的视觉辅助效果。）

D. 了解你演讲的时间段，以及前一位和后一位嘉宾的演讲主题。

（正确。同样的演讲内容，也需要因时而变。假如前面的嘉宾"拖堂"了，可能就会压缩你的演讲时长。通常来说，45分钟的演讲，需要提前准备好30分钟、60分钟的版本，以便根据主办方的要求，灵活调整。）

E. 尽早确定你的演讲主题，并着手准备相关的演讲素材。

（看情况。提前确定演讲主题并收集素材是个不错的想法，但是如果距离演讲日期还有一段时间，可先不急于准备，因为中间的变数比较多。)

3» 你作为公司的谈判代表，即将与一家潜在供应商就原材料采购事宜进行正式谈判。你觉得以下哪些做法有助于你达成谈判目标？

A. 回顾过往几年公司同类采购的价格，并确定公司原材料价格的底线。

（正确。这将有助于你设计报价策略。）

B. 了解当前这一原材料在市场上的大致价格范围，以及这一材料是否有其他可替代品。

（正确。这属于了解行业大环境，将有助于我们更有底气地面对供应商。）

C. 了解行业内其他供应商的情况，做好若谈判不成，评估并联系其他备选供应商的准备。

（正确。这属于了解市场，同样能有助于我们在谈判时掌握主动权。）

D. 尽可能多收集这家供应商的相关资料，分析其可能的报价区间。

（正确。这属于了解谈判对手，分析其报价及底线，将有助于我们制定报价和让步策略。）

第六章

DeepSeek+职场思维导图模板

引爆思维效率

本章导读
当思维导图遇上DeepSeek，突破常规思考效率的极限

在前五章中，我们详细介绍了思维导图在各类工作场景中的应用，并展示了多种思维导图模板的具体应用实例。本章将在前文基础上，选取使用频率最高的核心模板，系统指导读者如何将其与DeepSeek深度结合使用，以提升工作效率。

本章基于AI接入程度、使用便捷性和团队协同性三大维度，选择腾讯文档思维导图作为工具，结合本书中的思维导图模板，构建AIGC时代的思维新范式。

使用说明：

1. **获取模版**：访问作者的微信公众号（huangyidong_mindmap），输入关键词"书中模版"，即可获得本章全部50个思维导图模版。

2. **打开模版**：如图6-1所示，进入模板页面后，点击右上角图标，选择"生成副本"就可以保存到自己的腾讯文档中进行编辑了。

打开思维导图模板后，可以复制链接并在电脑端打开以便后续进一步编辑。

3. **基础思考**：将思维导图的中心节点改为要思考的问题，基于模板展开初步思考。

如图6-2所示，基于模板的内容，将关于S、W、O、T四个要素的思考结果，画在思维导图上以完成基础思考。

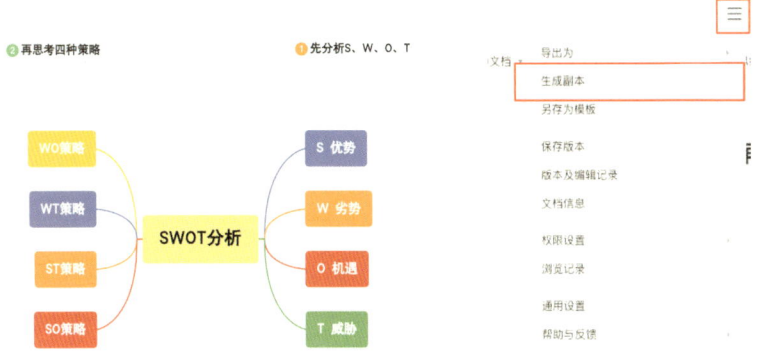

图 6-1　扫码打开模板后通过"生成副本"保存至用户的腾讯文档中

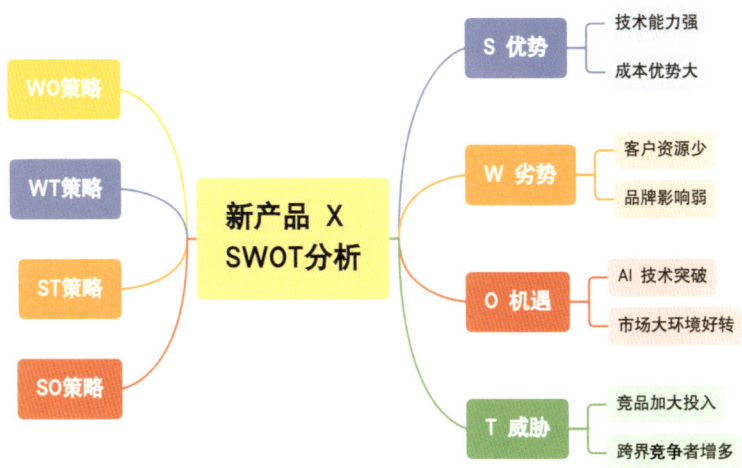

图 6-2　基于模板快速展开思考

4. AI 辅助思考：新建节点并输入 AI 提示词，选择对应模型版本。常规场景建议采用混元模型快速响应，复杂推理场景推荐用 DeepSeek-R 系列模型。

如图 6-3 所示，在 ST 策略后添加新的节点，内容设为"根据图中 S 和 T，思考 ST 策略"，完成后点击节点上方的"AI 续写"

按钮。

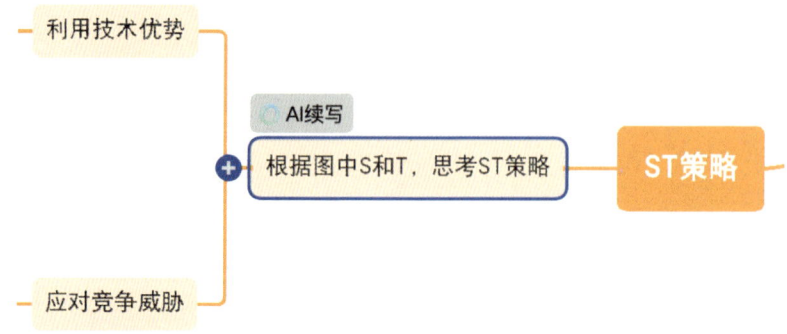

图 6-3　调用 AI 协助展开思考

如图 6-4 所示，在选择 DeepSeek-R1 模型后，AI 生成了相关内容。借助这种方式，我们可以快速提升思考的效率。

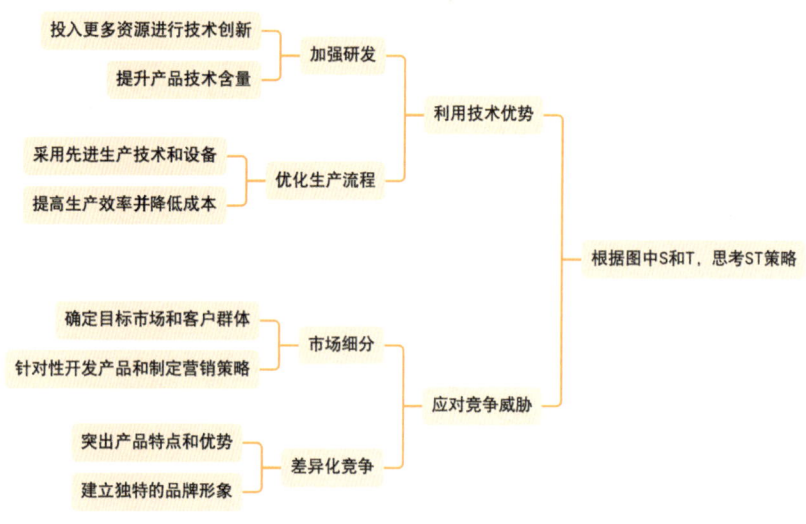

图 6-4　AI 生成的内容

5. 优化迭代：对 AI 生成的内容进行筛选，去掉不合适的内容。在此过程中，也可以通过腾讯文档的实时编辑功能，邀请同事远程协同共创。迭代多次后，得到最终的版本。

50种职场思维导图模板

时间及目标管理

01 每日工作规划及复盘
02 时间管理四象限法则
03 每周工作规划
04 月度工作规划
05 季度工作规划
06 番茄工作法
07 SMART 原则
08 GOAL 目标回顾法

问题分析

09 问题分析及解决框架
10 6W3H 框架
11 5Why 分析法
12 5M1E 分析法
13 PESTEL 分析法
14 SWOT 分析法
15 4P 分析法
16 波特五力分析法
17 安索夫成长矩阵
18 波士顿矩阵

创新思维

19 脚本图分析法
20 六顶思考帽
21 SCAMPER 法
22 和田十二法
23 迪士尼法
24 PMI 法
25 四维决策法
26 4WMP 框架

沟通协同

27 福格行为模型
28 乔哈里视窗
29 SAP 原则
30 PDA 原则
31 PRO 原则
32 每周工作汇报
33 月度工作汇报
34 年度工作汇报
35 SCQA 模型
36 SPIN 模型

37 FABE 介绍模型
38 PREP 模型
39 FABE 建议模型
40 AUDIENCE 分析法
41 会议通知
42 即兴发言

复盘

43 复盘框架
44 PDCA 模型
45 OGSM 模型
46 STAR 模型
47 SSC 模型
48 ORID 模型
49 GRAI 模型
50 KISS 模型

一、时间及目标管理

模板01：每日工作规划及复盘

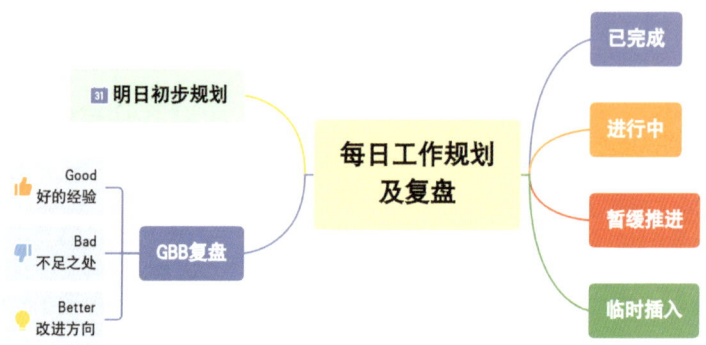

图 6-5　每日工作规划及复盘

相关 AI 提示词：
- 已完成的工作中，有哪些好的经验？
- 正在进行的工作中，有哪些需要特别注意的？
- 暂缓推进的工作中，有哪些值得吸取的教训？
- 临时插入的工作中，有哪些可以授权别人来做？
- 基于 GBB 复盘对上述经验进行整理。

模板02：时间管理四象限法则

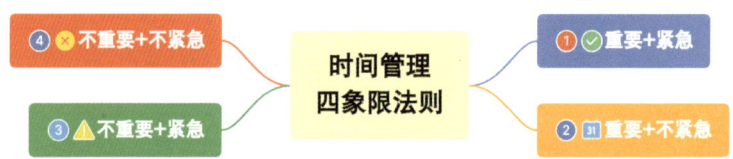

图 6-6　时间管理四象限法则

相关 AI 提示词：
- 按四象限法则，排列上述工作的优先级。

模板03：每周工作规划

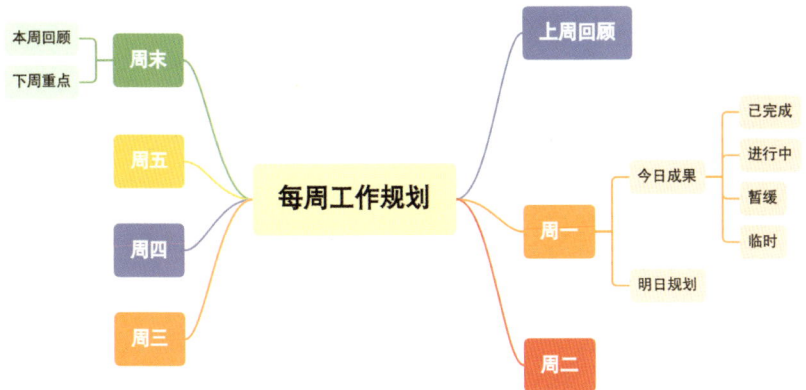

图 6-7　每周工作规划

相关 AI 提示词：

- 基于上述内容，整理本周工作。

模板04：月度工作规划

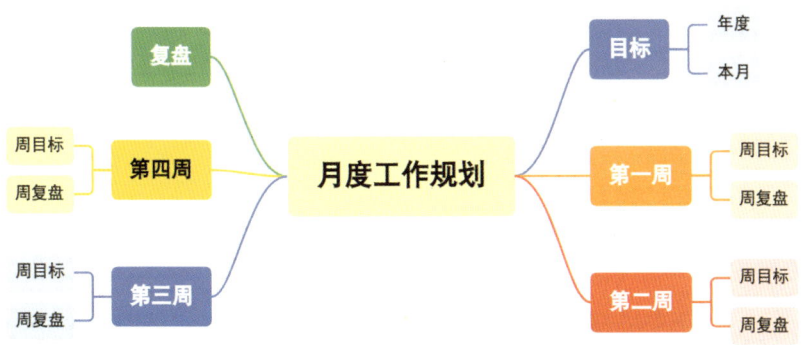

图 6-8　月度工作规划

相关 AI 提示词：

- 基于上述内容，复盘本月工作。

模板05：季度工作规划

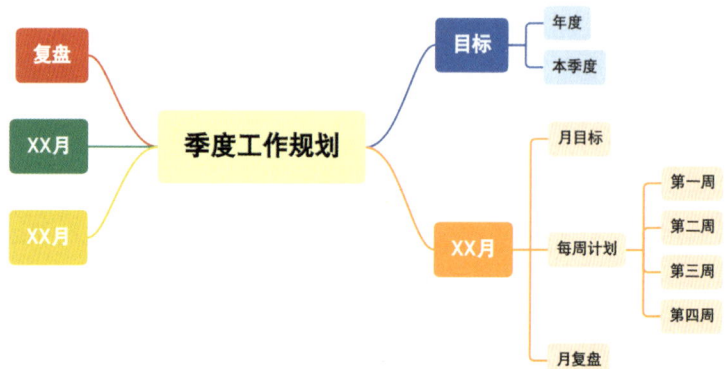

图 6-9 季度工作规划

相关 AI 提示词：
- 基于上述内容，复盘本季度工作。

模板06：番茄工作法

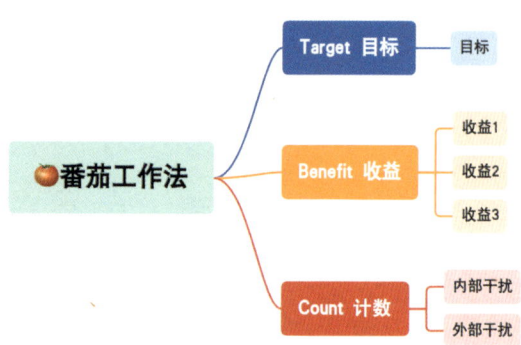

图 6-10 番茄工作法

相关 AI 提示词：
- 分析内部干扰产生的原因和可能的解决方案。
- 分析外部干扰产生的原因和可能的解决方案。

模板 07：SMART 原则

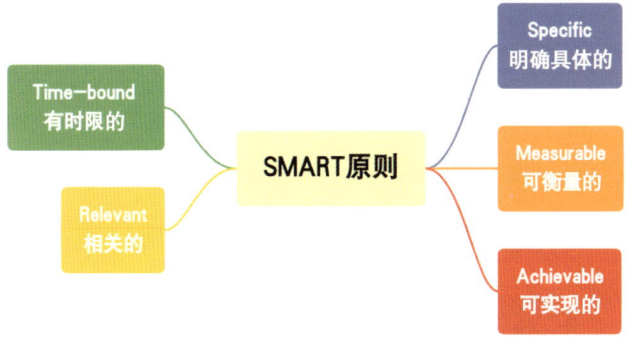

图 6-11　SMART 原则

相关 AI 提示词：

- 检查上述目标是否符合 SMART 原则
- 调整目标以符合 SMART 原则

模板 08：GOAL 目标回顾法

图 6-12　GOAL 目标回顾法

相关 AI 提示词：

- 基于目标，搜索相关行业最新调研报告。
- 基于报告分析行业未来的发展趋势。

二、问题分析

模板09：问题分析及解决框架

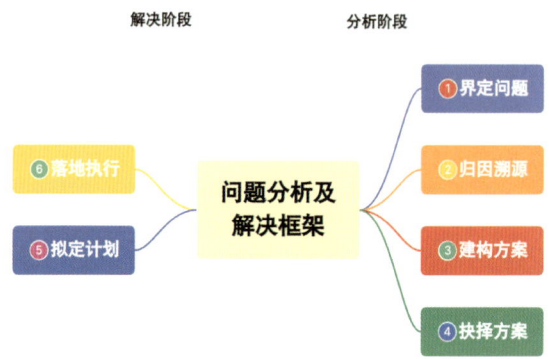

图 6-13　问题分析及解决框架

相关 AI 提示词：
- 【输入问题后】基于上述框架进行思考。

模板10：6W3H框架

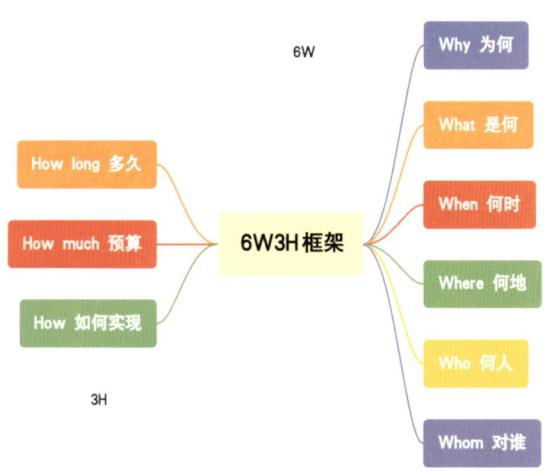

图 6-14　6W3H 框架

相关 AI 提示词：
- 【输入问题后】对 6W3H 框架进行分析。

模板 11：5Why 分析法

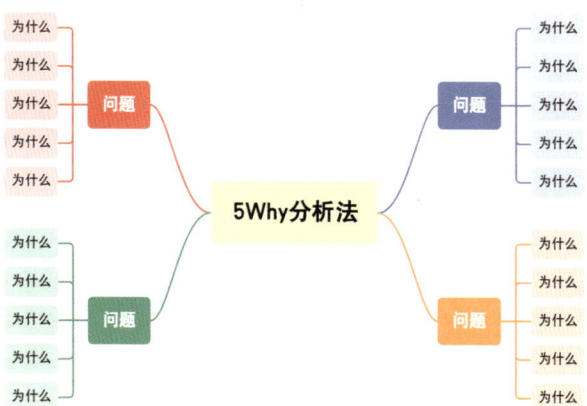

图 6-15 5Why 分析法

相关 AI 提示词：
- 尝试对每个问题追问 5 次。

模板 12：5M1E 分析法

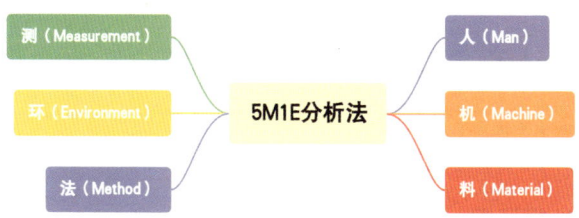

图 6-16 5M1E 分析法

相关 AI 提示词：
- 【输入问题后】对 5M1E 框架进行分析。
- 除了上述原因外，尝试再给出其他假设。

模板 **13**：PESTEL分析法

图 6-17 PESTEL 分析法

相关 AI 提示词：

- 【输入问题后】用 PESTEL 分析法进行分析。

模板 **14**：SWOT分析法

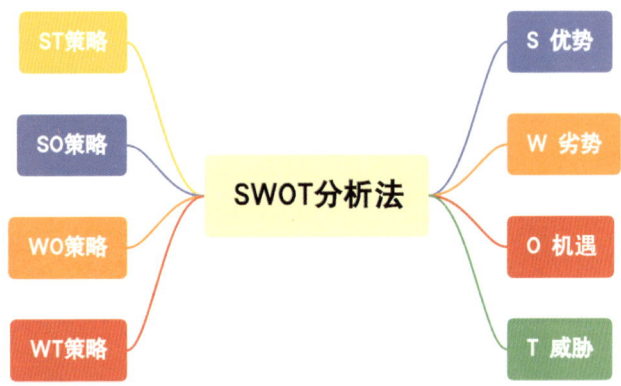

图 6-18 SWOT 分析法

相关 AI 提示词：

- 针对 S 和 O 的内容，继续分析 SO 策略。
- 针对 S 和 T 的内容，继续分析 ST 策略。
- 针对 W 和 O 的内容，继续分析 WO 策略。
- 针对 W 和 T 的内容，继续分析 WT 策略。

模板 **15**：4P分析法

图 6-19　4P 分析法

相关 AI 提示词：

- 【输入具体产品后】进行 4P 分析。
- 基于已有内容，拓展每一个 P 的思考。

模板 **16**：波特五力分析法

图 6-20　波特五力分析法

相关 AI 提示词：

- 【输入具体产品或服务后】进行波特五力分析。
- 关于如何应对【行业现有竞争】，有什么好的建议。
- 关于如何应对【买家的议价能力】，有什么好的建议。
- 关于如何应对【供应商的议价能力】，有什么好的建议。
- 关于如何应对【新进入者的威胁】，有什么好的建议。
- 关于如何应对【替代品的威胁】，有什么好的建议。

模板 **17**：安索夫成长矩阵

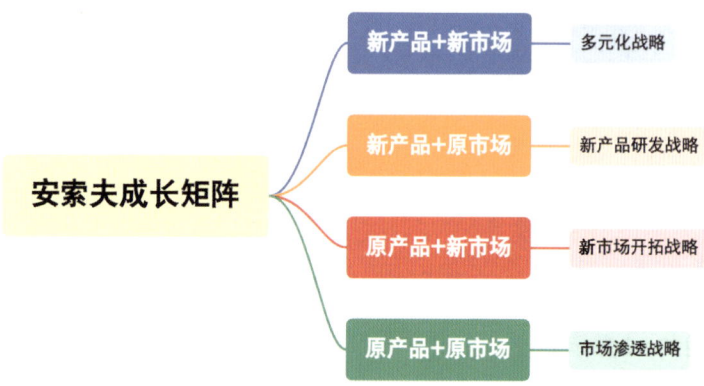

图 6-21　安索夫成长矩阵

相关 AI 提示词：

- 针对【多元化】战略，有什么建议。
- 针对【新产品研发】战略，有什么建议。
- 针对【新市场开拓】战略，有什么建议。
- 针对【市场渗透】战略，有什么建议。

模板 **18**：波士顿矩阵

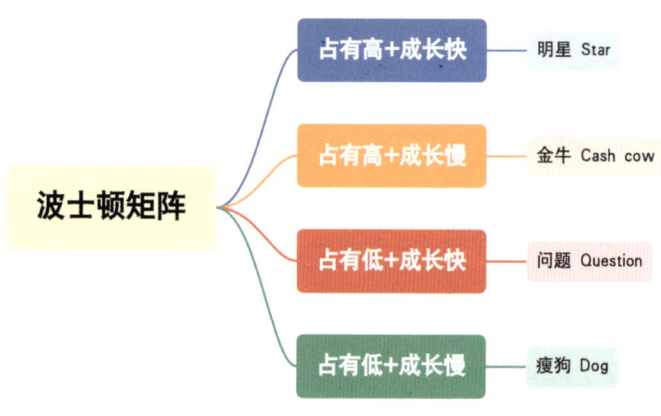

图 6-22　波士顿矩阵

相关 AI 提示词：
- 分析并制定【明星】产品接下来的策略。
- 分析并制定【瘦狗】产品接下来的策略。
- 分析并制定【金牛】产品接下来的策略。
- 分析并制定【问题】产品接下来的策略。

三、创新思维

模板 19：脚本图分析法

图 6-23　脚本图分析法

相关 AI 提示词：
- 随机生成 10 个【时间】。
- 随机生成 10 个【地点】。
- 随机生成 10 个【人物】。
- 随机生成 10 个【事件】。
- 基于导图上的内容，随机从时间、地点、人物、事件中各抽取一个。

模板 20：六顶思考帽

相关 AI 提示词：
- 你现在戴上【蓝帽】就【所讨论的问题】进行思考。

- 你现在戴上【白帽】就【所讨论的问题】进行思考。
- 你现在戴上【红帽】就【所讨论的问题】进行思考。
- 你现在戴上【黄帽】就【所讨论的问题】进行思考。
- 你现在戴上【黑帽】就【所讨论的问题】进行思考。
- 你现在戴上【绿帽】就【所讨论的问题】进行思考。

图 6-24　六顶思考帽

模板 21：SCAMPER法

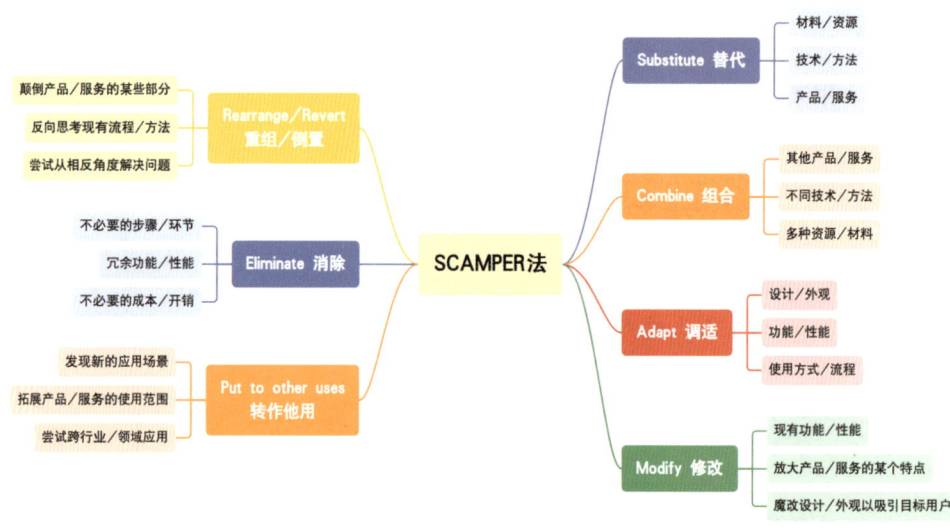

图 6-25　SCAMPER 法

相关 AI 提示词：

- 从【S】角度，提供 10 个创意。
- 从【C】角度，提供 10 个创意。
- 从【A】角度，提供 10 个创意。
- 从【M】角度，提供 10 个创意。
- 从【P】角度，提供 10 个创意。
- 从【E】角度，提供 10 个创意。
- 从【R】角度，提供 10 个创意。

模板22：和田十二法

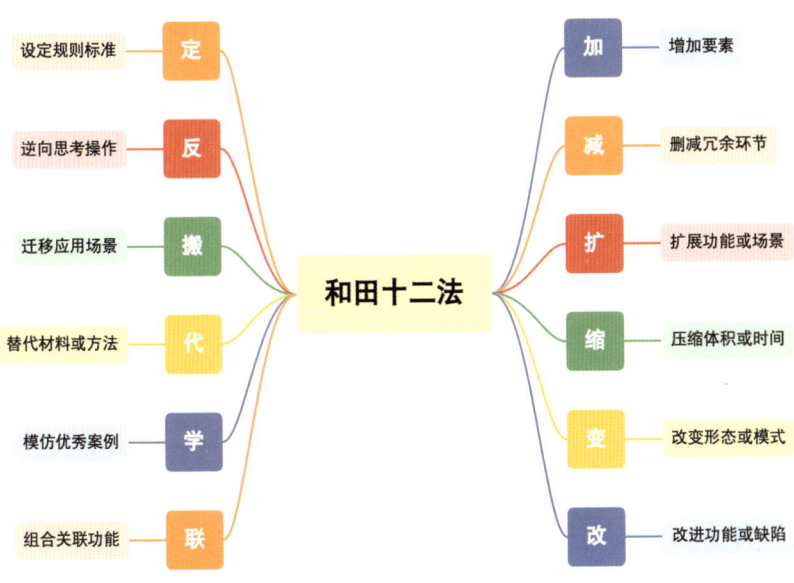

图 6-26　和田十二法

相关 AI 提示词：

- 从【加、减、扩、缩、变、改、联、学、代、搬、反、定】角度，展开思考。

模板 **23**：迪士尼法

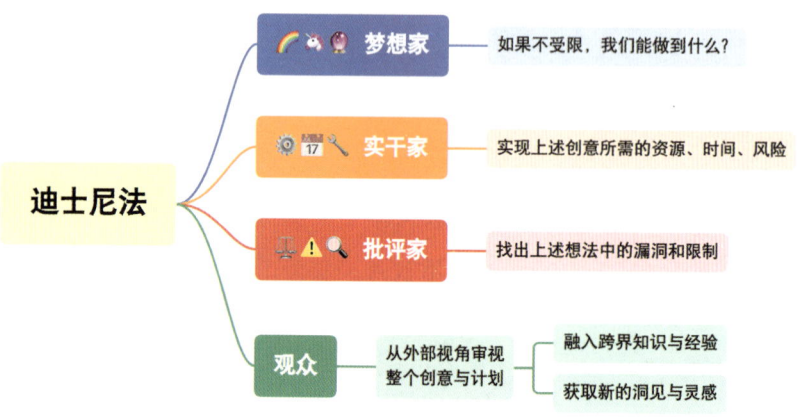

图 6-27 迪士尼法

相关 AI 提示词：

- 围绕【话题、主题】从【梦想家】角度提供 10 个建议。
- 围绕【话题、主题】从【实干家】角度提供 10 个建议。
- 围绕【话题、主题】从【批评家】角度提供 10 个建议。
- 围绕【话题、主题】从【观众】角度提供 10 个建议。

模板 **24**：PMI 法

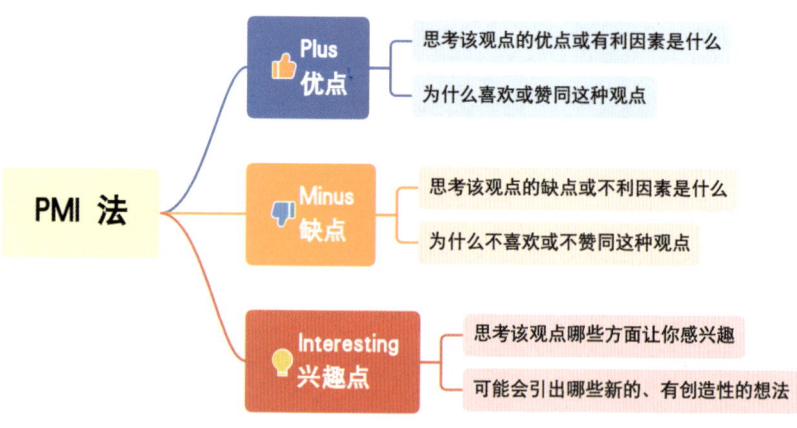

图 6-28 PMI 法

相关 AI 提示词：

- 围绕【话题、主题】从【P】角度提供 10 个建议。
- 围绕【话题、主题】从【M】角度提供 10 个建议。
- 围绕【话题、主题】从【I】角度提供 10 个建议。

模板25：四维决策法

图 6-29　四维决策法

相关 AI 提示词：

- 广度：提供 3 个支持观点的理由。
- 广度：提供 3 个反对观点的理由。
- 深度：分析这一问题，挖掘本质。
- 高度：如果你是公司管理层，你会怎么分析这个问题。
- 高度：如果你是我的下属，你会怎样分析这个问题。
- 时间：站在过去的视角，你会怎样分析。
- 时间：站在 3 年后的视角，你会怎样评价当前的选择。

模板26：4WMP框架

相关 AI 提示词：

- 协助设计完成标准。
- 协助设计问题跟进流程。

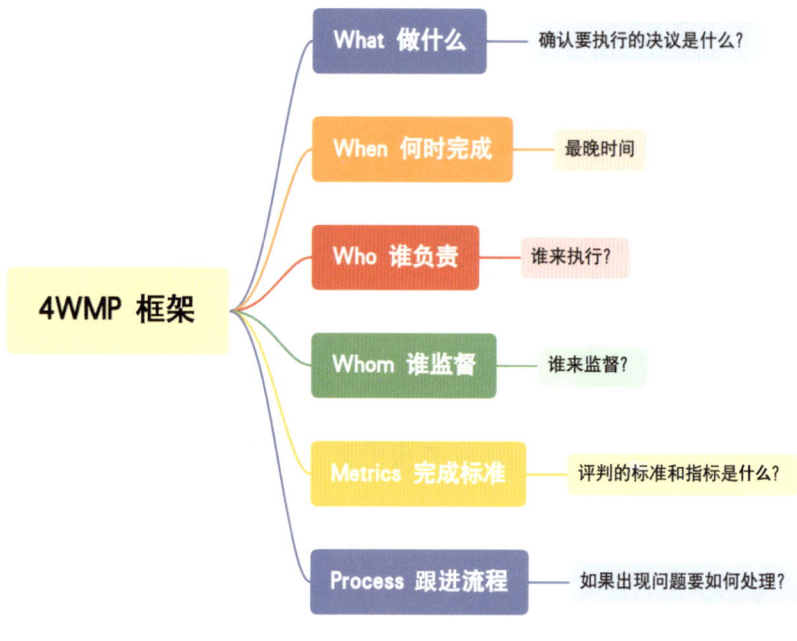

图 6-30　4WMP 框架

四、沟通协同

模板 27：福格行为模型

图 6-31　福格行为模型

相关 AI 提示词：

- 如果想让【对象】采取【行为】你会怎样诱发他们产生【M动机】。
- 如果想让【对象】采取【行为】你会怎样解决他们【A能力】的问题。
- 如果想让【对象】采取【行为】你会怎样给他们【P提示】。

模板28：乔哈里视窗

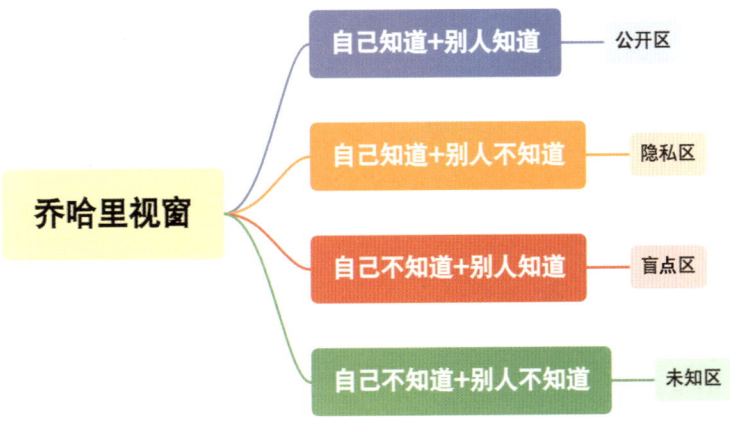

图 6-32　乔哈里视窗

相关 AI 提示词：

- 针对要沟通的内容，设计策略，确保扩大公开区。
- 针对要沟通的内容，设计策略，确保缩小隐私区。
- 针对要沟通的内容，设计策略，确保缩小盲点区。
- 针对要沟通的内容，设计策略，避免进入未知区。

模板29：SAP原则

相关 AI 提示词：

- 参考 SAP 原则优化标题，给出 10 个方案。

图 6-33 SAP 原则

模板 **30**：PDA原则

图 6-34 PDA 原则

相关 AI 提示词：

- 参考 PDA 原则，优化要沟通的内容。
- 检查 Action 是否具体。

模板 **31**：PRO原则

图 6-35 PRO 原则

相关 AI 提示词：
- 参考 PRO 原则，优化要沟通的内容。
- 基于 P 问题和 R 原因，尝试给出 5 个 O 选项。

模板32：每周工作汇报

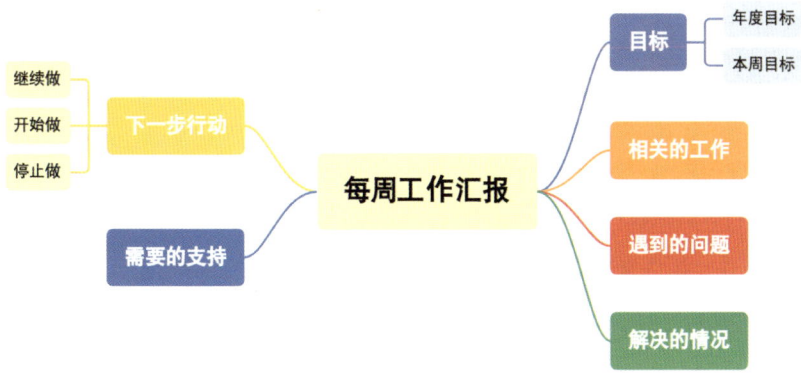

图 6-36　每周工作汇报

相关 AI 提示词：
- 分析图上的内容，基于面临的问题，思考所需要的支持。
- 分析图上的内容，基于面临的问题，给出 5 个解决的建议。

模板33：月度工作汇报

图 6-37　月度工作汇报

相关 AI 提示词：
- 分析图上的内容，分析目标和结果的差异是如何产生的。
- 针对上述分析，给出你的理由。
- 针对上述分析，给出你建议的解决方案。
- 尝试提炼经验和教训，以 STAR 模型来编写案例。

模板 34：年度工作汇报

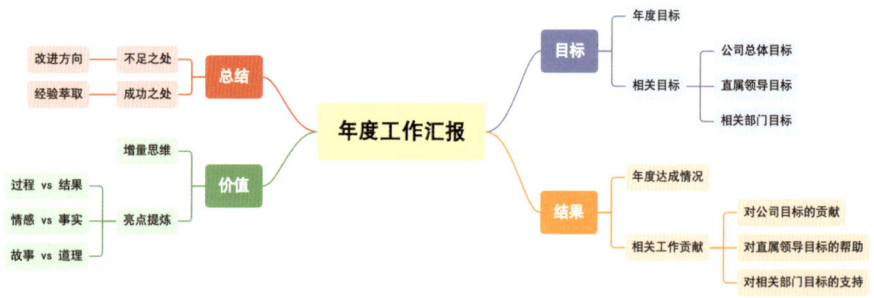

图 6-38　年度工作汇报

相关 AI 提示词：
- 协助分析你的目标完成情况，对于公司总体目标的意义。
- 协助提炼工作亮点。
- 协助思考不足之处的后续改进方案。

模板 35：SCQA 模型

图 6-39　SCQA 模型

相关 AI 提示词：
- 以 SCQA 结构，撰写一个开场白。
- 针对要沟通的主题，分析哪一种结构更合适，给出你的分析。

模板 36：SPIN 模型

图 6-40　SPIN 模型

相关 AI 提示词：
- 基于当前文档内容，针对【产品、服务】尝试参考 SPIN 模型来设计一系列和客户沟通的问题。

模板 37：FABE 介绍模型

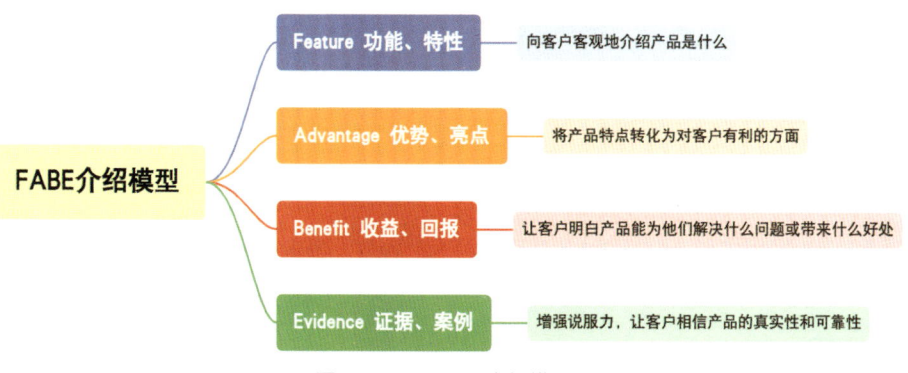

图 6-41　FABE 介绍模型

相关 AI 提示词：

- 基于当前文档内容，针对【产品、服务】尝试参考 FABE 模型来设计一系列向客户介绍的话术。

模板38：PREP模型

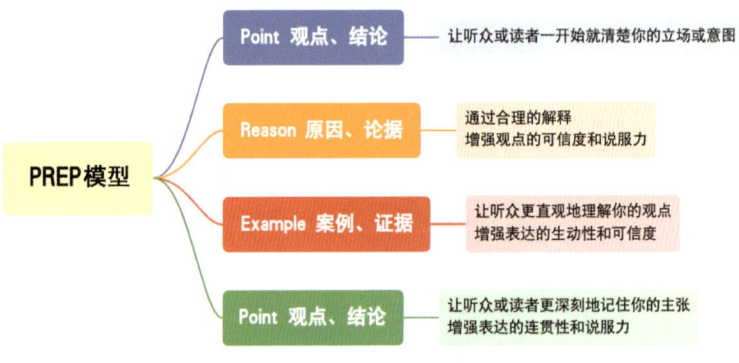

图 6-42　PREP 模型

相关 AI 提示词：

- 基于当前文档内容，针对【想要传递的观点】尝试参考 PREP 模型设计一系列向【谁】介绍的话术，时间控制在【×】分钟内。

模板39：FABE建议模型

图 6-43　FABE 建议模型

相关 AI 提示词：
- 基于当前文档内容，针对【想要提出的建议】尝试参考 FABE 建议模型设计一系列向【谁】提建议的话术，时间控制在【×】分钟内。

模板 40：AUDIENCE 分析法

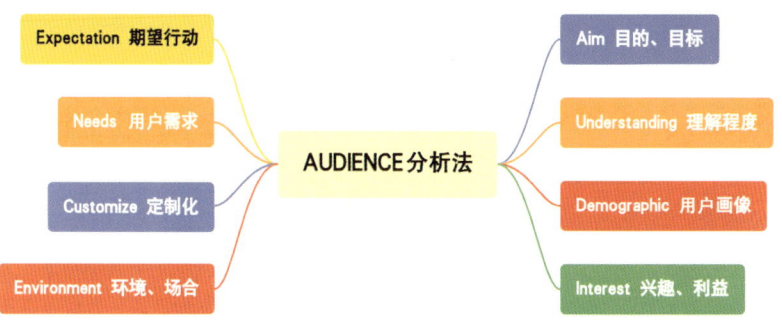

图 6-44　AUDIENCE 分析法

相关 AI 提示词：
- 针对【主题】基于 AUDIENCE 模型生成一张思维导图。

模板 41：会议通知

图 6-45　会议通知

相关 AI 提示词：
- 针对本图上的会议通知，撰写邮件的正文内容。

模板 42：即兴发言

图 6-46　即兴发言

相关 AI 提示词：
- 针对【主题】以 3F 结构，生成一段即兴发言稿，字数在【××】以内。
- 针对【主题】以时间线结构，生成一段即兴发言稿，字数在【××】以内。
- 针对【主题】以表态度结构，生成一段即兴发言稿，字数在【××】以内。
- 针对【主题】以提建议结构，生成一段即兴发言稿，字数在【××】以内。

五、复盘

模板 43：复盘框架

相关 AI 提示词：
- 基于当前复盘框架，快速生成一个关于【话题】的复盘思维导图。

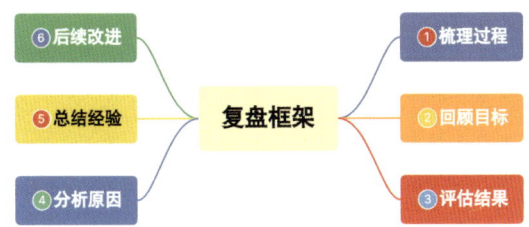

图 6-47 复盘框架

模板44：PDCA模型

图 6-48 PDCA 模型

相关 AI 提示词：

- 针对【主题】基于 PDCA 框架生成一张思维导图。

模板45：OGSM模型

图 6-49 OGSM 模型

相关 AI 提示词：
- 针对【主题】基于 OGSM 模型生成一张思维导图。

模板46：STAR模型

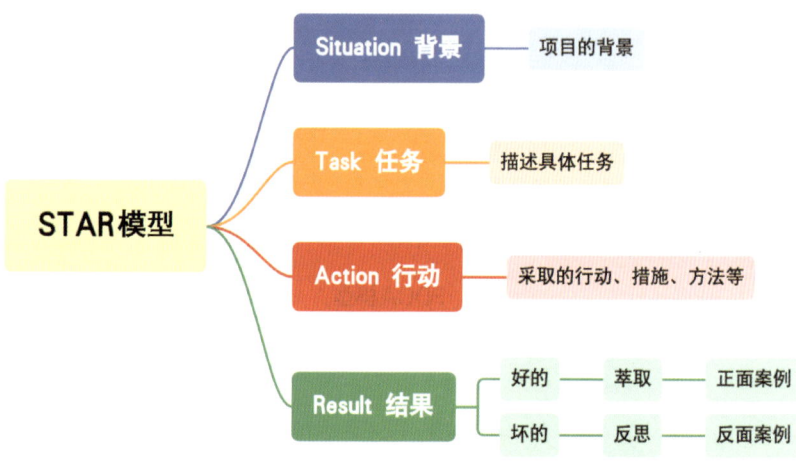

图 6-50　STAR 模型

相关 AI 提示词：
- 针对【主题】基于 STAR 模型生成一张思维导图。

模板47：SSC模型

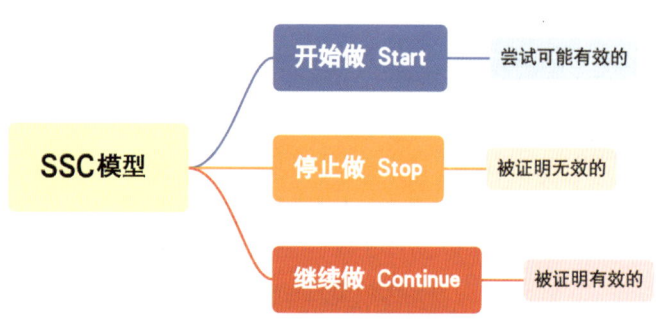

图 6-51　SSC 模型

相关 AI 提示词：
- 针对【主题】基于 SSC 模型生成一张思维导图。

模板 48：ORID 模型

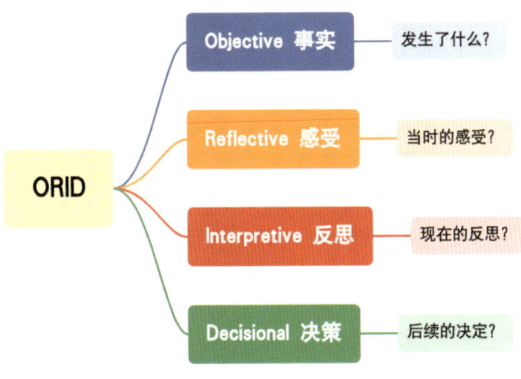

图 6-52 ORID 模型

相关 AI 提示词：
- 针对【主题】基于 ORID 模型生成一张思维导图。

模板 49：GRAI 模型

图 6-53 GRAI 模型

相关 AI 提示词：
- 针对【主题】基于 GRAI 模型生成一张思维导图。

图6-54　KISS 模型

相关 AI 提示词：
- 针对【主题】基于 KISS 模型生成一张思维导图。

第七章

工欲善其事，必先利其器

常用思维导图
工具介绍

本章导读

挑选"利器",提升思维可视化效率

美国著名发明家巴克敏斯特·富勒(Buckminster Fuller)曾说:"要想教给人们一种新的思维方式,不要刻意去教,而应当给他们一种工具,通过使用工具培养新的思维方式。"

已经走过了半个多世纪的思维导图,虽然算不上新的思维方式,但想要更好地掌握这种方法,同样需要有好的工具。下面我们就来简单回顾一下随着时代的进步,绘制思维导图的工具经历了哪些变化:

传统手绘时期(1970~1993)

在电脑和智能手机普及之前,思维导图主要以手绘方式为主,水彩笔、大白纸这一经典组合也延续至今。手绘最大的特点就是方便,只要一张纸、一支笔就能将我们的所思所想可视化地呈现出来,并且随着纸上的内容越来越多,我们很容易感受到思考所带来的成就感。但手绘的缺点也很明显,那就是绘制好的思维导图不便于修改、保存、查找和分享。

计算机软件时期(1994~2014)

1994年MindManager的诞生标志着思维导图软件时代的开端,随后各类优秀思维导图软件相继涌现。伴随计算机技术的发展普及,思维导图软件逐渐取代了手绘,成了主流创作方式。进入21世纪后,互联网革命与论坛社区的兴起,大幅提升了思维导图的普及度。这二十年堪称思维导图发展的黄金时代。

移动设备时期（2015~2024）

2015 年前后，随着移动互联网和智能手机、平板电脑的出现，思维导图的创作变得更加触手可及，逐步成了很多人工作、生活、学习离不开的工具之一。多人在线协同创作思维导图也逐渐成了主流，基于云技术的协作功能实现多人实时编辑，远程团队通过在线平台开展头脑风暴的场景日益普遍。国内相关应用在此期间也取得了长足进步。

人工智能辅助时期（2025年至今）

2025 年年初，随着国产人工智能 DeepSeek 的横空出世，思维导图的创作进入了智能化新纪元。用户只需提供清晰指令，AI 便可自动生成思维导图，并可根据需求持续迭代优化，直至用户满意。这一变革极大地提高了效率，使我们不再受困于绘制思维导图的烦琐过程，而是能够将更多精力投入核心思考中，开启高效且精准的人机协作模式。

本章我将为大家介绍目前市场上主流的思维导图工具，助你挑选趁手"利器"，降低创作门槛，提升思维可视化效率。

一、使用人工智能辅助绘制思维导图

下面介绍几种基于人工智能辅助绘制思维导图的工具：

1. DeepSeek

网址：https://chat.deepseek.com

打开上述网址后，即可使用 DeepSeek 来辅助绘制思维导图。只需要将你的需求描述到位，并在提示词中明确加上"以 Markdown 的方式输出"，就可以快速获得一张思维导图的"源代码"，将其复制并粘贴到常用的思维导图工具（如 XMind、腾讯文档等）中，即可转成思维导图。

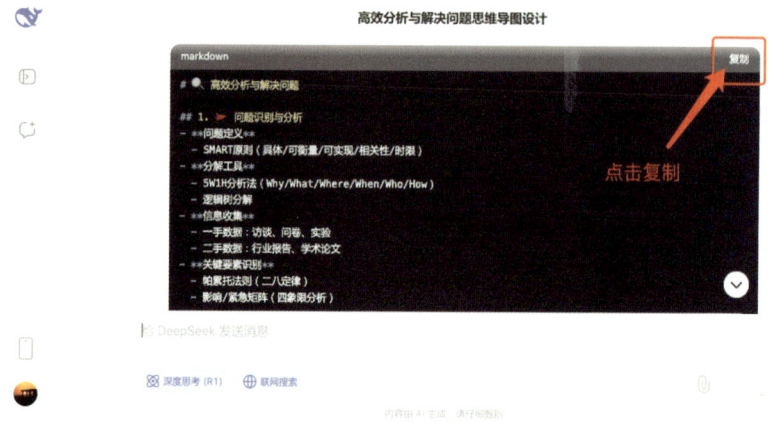

图 7-1 复制 DeepSeek 生成的 Markdown 代码

图 7-2 腾讯文档思维导图提供了"Markdown 转思维导图"的功能

如果生成的思维导图不是特别复杂，也可以尝试直接用 Mermaid 图形的方式直接在 DeepSeek 中生成思维导图。方法是在提示词中加上"以 Mermaid 语法绘制思维导图"。如果没有直接显示，也可以将 Mermaid 代码复制，并粘贴到 https://mermaid.live/ 中生成思维导图。

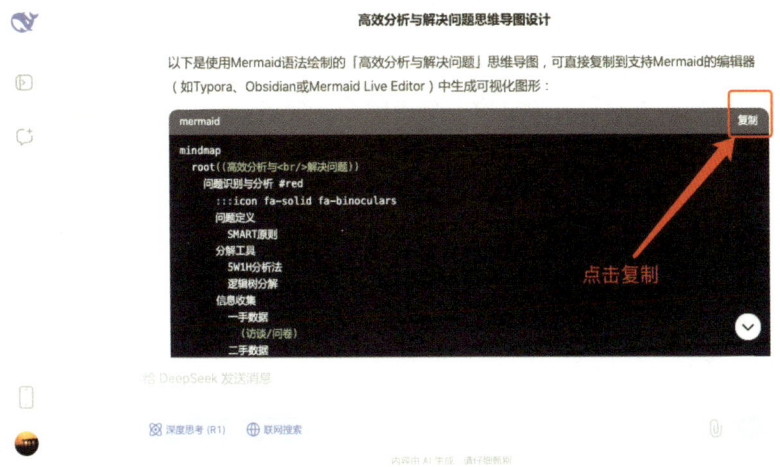

图 7-3　复制 DeepSeek 生成的 Mermaid 代码

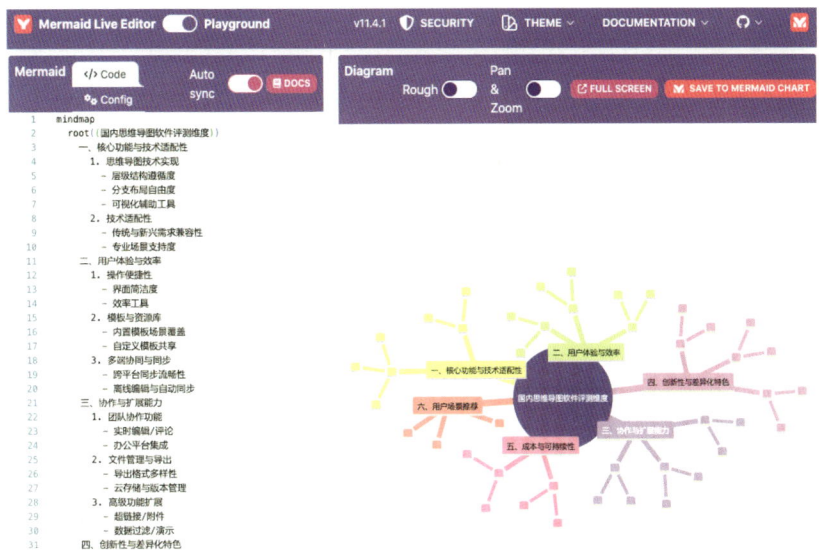

图 7-4　在 https://mermaid.live/ 中，将代码粘贴到左侧窗口后，右侧预览区将自动生成思维导图

2. 腾讯元宝

网址：https://yuanbao.tencent.com/

打开上述网址后，即可使用内置了腾讯混元模型和 DeepSeek-R 推理模型的腾讯元宝来辅助绘制思维导图。整体思路和使用 DeepSeek 类似，先提需求，再给出具体的输出格式，即可获得相应的 Markdown 或 Mermaid 代码。

除了上述功能外，腾讯元宝还有以下两个亮点：

- **微信公众号内容**：腾讯元宝可以联网搜索微信公众号体系内的资料；
- **腾讯文档内容**：腾讯元宝可以直接访问用户腾讯文档中的资料，并可以将 AI 生成的内容，一键保存为腾讯文档。

图 7-5　腾讯元宝可以直接联网搜索微信公众号体系内的资料

图 7-6　腾讯元宝可以直接访问用户腾讯文档内的资料

3. 豆包

网址：https://www.doubao.com/chat/

打开上述网址后，便可使用豆包来辅助绘制思维导图，整体思路和前两个工具类似。当要求"**以思维导图形式输出**"后，豆包内置了 Mermaid 预留效果，可以直接看到效果。如果需要进一步编辑，则可以要求它"**以 Markdown 格式输出**"。

图 7-7　豆包可以直接以 Mermaid 图形方式显示思维导图

二、使用在线工具绘制思维导图

通过人工智能，我们可以快速获得灵感和创意，但实际创作思维导图时，仍须借助更专业的工具来提升效率。相比需要安装的 PC 端软件或移动端 App，联网打开浏览器就能用的在线思维导图工具无疑更加方便。本节我将介绍的三款在线思维导图工具，均已接入 AI 模型，并配备了远程多人协作功能，不少企业已经将这种模式作为头脑风暴的标配。

1. 腾讯文档

网址：https://docs.qq.com/

腾讯文档中的思维导图功能，非常适合多人协同创作。它内置了三个人工智能模型，让我们在创作思维导图时可以更加得心应手。

下面简单介绍使用腾讯文档来创建思维导图的方法：

1）新建思维导图文档

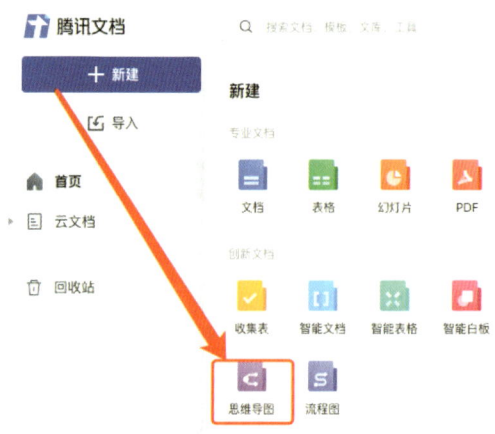

图 7-8　腾讯文档中的思维导图功能

2）选择新建方式

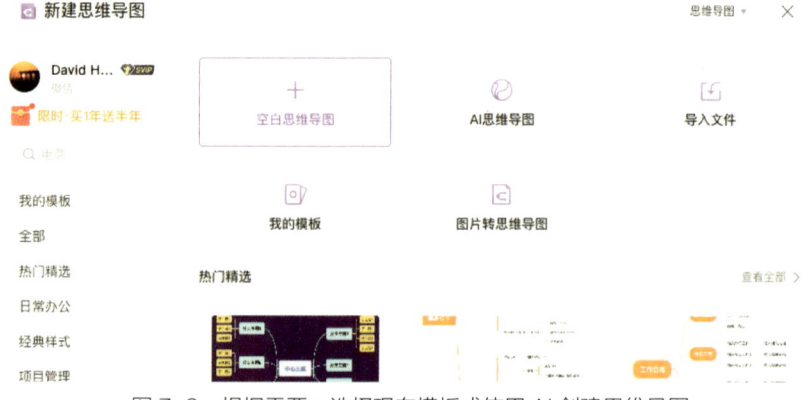

图 7-9　根据需要，选择现有模板或使用 AI 创建思维导图

在腾讯文档支持的方式有：空白思维导图、AI 思维导图、导入文件、模板（系统内置或用户自建）、图片转思维导图（将一张思维导图，通过 AI 识别转为可编辑的格式）等方式。

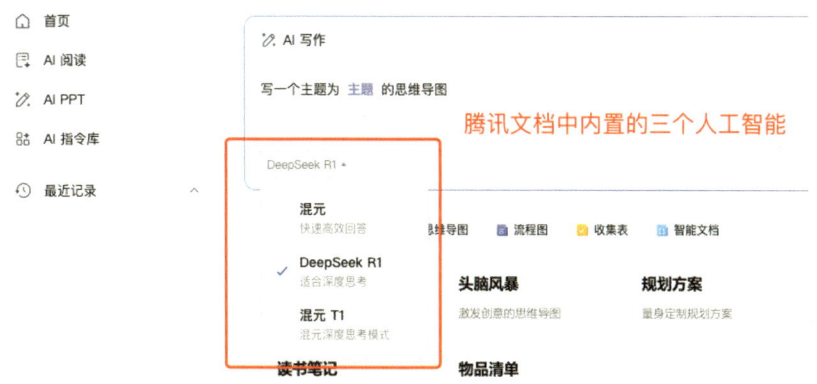

图 7-10　腾讯文档中内置了三种 AI 模型

3）编辑思维导图

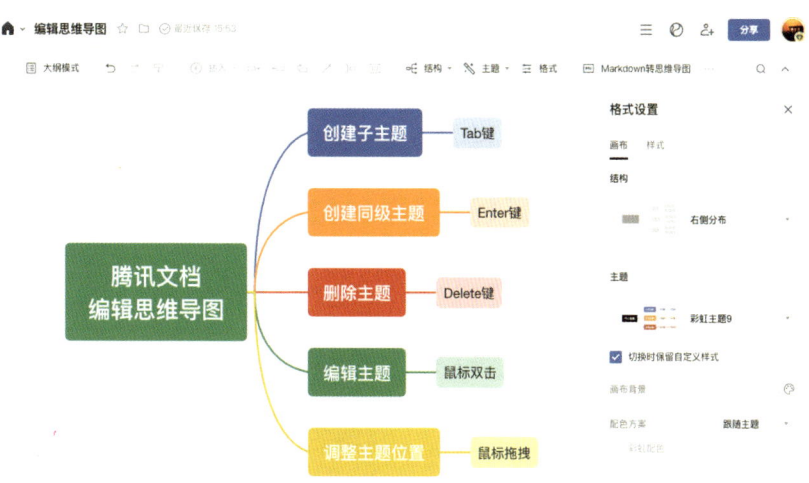

图 7-11　在腾讯文档中编辑思维导图非常简单

常规的操作非常简单：

- 创建子主题：Tab 键
- 创建同级主题：Enter 键
- 删除主题：Delete 键
- 编辑主题：鼠标双击后输入
- 调整主题位置：鼠标左键拖拽

4）多人协同编辑

当需要多人协同编辑时，通过分享按钮，选择权限后将链接发送给其他协同人。其他人点击链接后即可进入协同编辑模式。

图 7-12 在腾讯文档中分享思维导图非常简单

5）插入其他类型文档或链接

腾讯文档中的思维导图应用，可以方便地将用户腾讯文档中的各种文档插入思维导图中，形成一个简单的知识管理系统。

图 7-13 插入当前用户账号下的其他腾讯文档

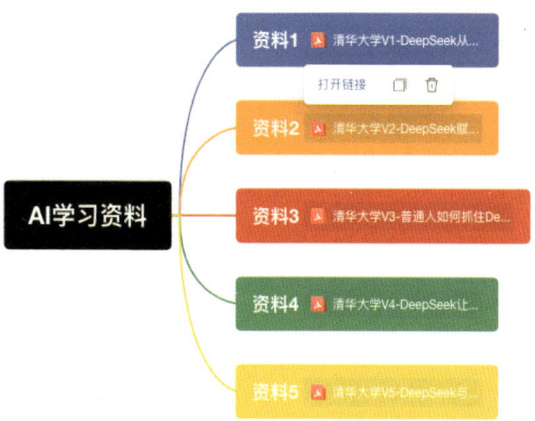

图 7-14 点击链接就可以跳转到相应的文档

6）在创作中实时使用AI

在创作思维导图时，只需要先选中一个主题，然后点击其左上角的 AI 功能，就可以用 AI 来协助创作。

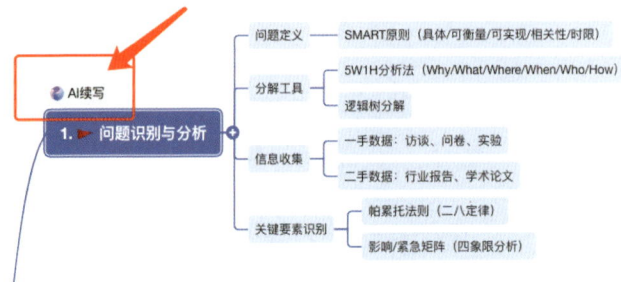

图 7-15 腾讯文档思维导图中的每个主题，均可以用 AI 功能

如果对效果不满意，也可以直接点击右上角的 AI 助手按钮，选择 AI 写作。

图 7-16 腾讯文档内置的 AI 助手

在弹出的对话框中，输入具体的指令，可以指定使用哪个 AI 模型来完成该项任务。

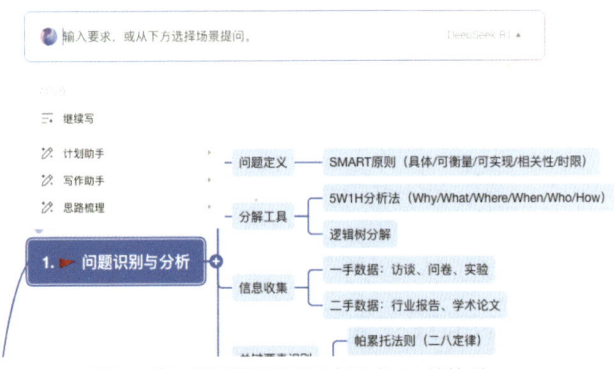

图 7-17 根据不同场景来寻求 AI 的协助

7）将思维导图保存为模板

对于常用的思维导图，我们可以通过"**另存为模板**"将其保存为模板，方便后期重复使用。

图 7-18　常用的思维导图，可以保存为模板反复用

本书第六章中介绍的思维导图模板，均使用腾讯文档创建。大家扫描封面勒口处的二维码打开模板后，可以点击"**生成副本**"将其保存到自己的腾讯文档账号中，或另存为模板方便后续使用。

2. 博思白板（BoardMix）

网址：https://boardmix.cn/app/

博思白板就像一块巨大的白板，用户可以在上面随意绘画。不光是思维导图，职场上常用的图形和工具都可以插入其中，提高沟通的效率。

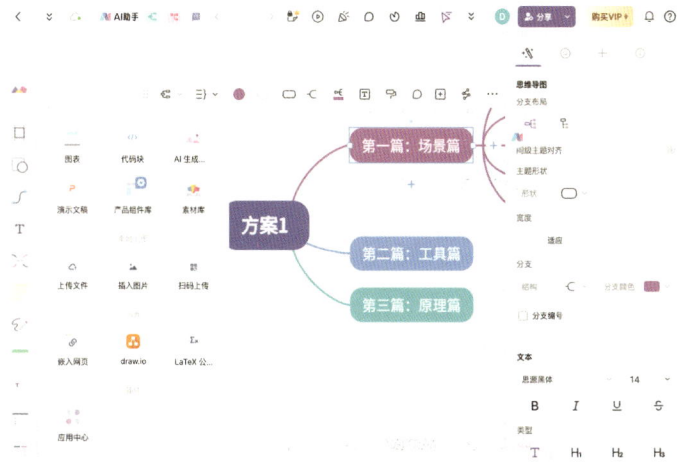

图 7-19　博思白板中可以插入各种常见的图形

用户可以通过选择内置的各种常用模板，使远程协同变得更加专业。

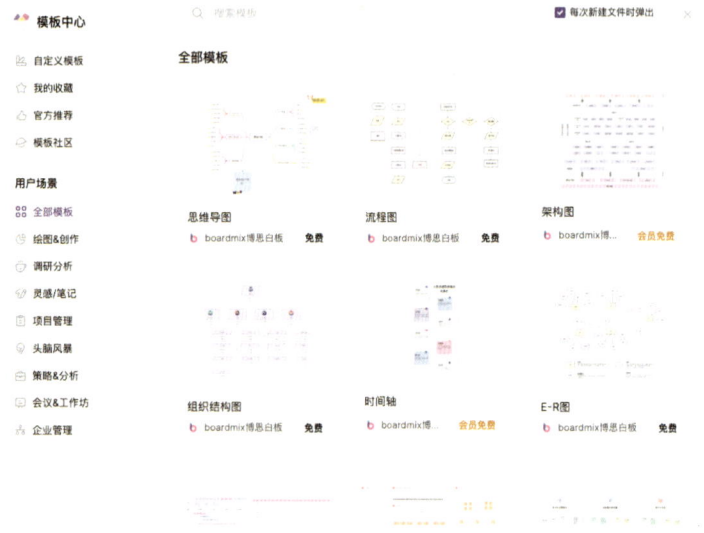

图 7-20　博思白板内置丰富的模板

3. 知犀

网址：https://www.zhixi.com/

知犀是近几年涌现出的优秀国产思维导图工具代表之一。其在线版本提供了丰富的图形和样式，目前已经接入了满血版的 DeepSeek 模型，可以算是"颜值"与"内涵"兼具的实力型选手。

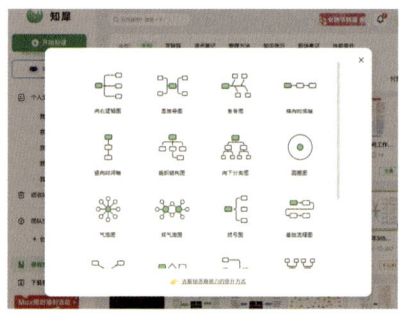

图 7-21　知犀思维导图有多种版式

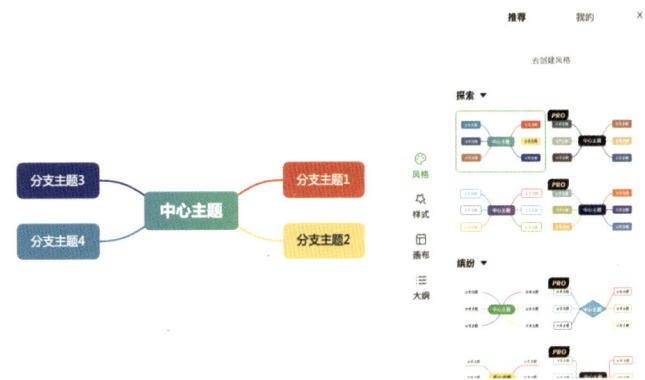

图 7-22　知犀思维导图内置丰富的配色风格

除了在线版，知犀还提供包括鸿蒙在内的全终端支持，用户可以根据需要选择安装相应的客户端，进行离线编辑。

图 7-23　知犀提供主流全终端支持

三、使用电脑软件绘制思维导图

在线思维导图应用虽然方便，但离线使用可能会遇到麻烦，所以在电脑上安装思维导图软件是非常有必要的。本节将介绍的三款思维导图软件，读者们可以根据需要自行选择。

1. MindManager

网址：https://www.mindmanager.com/en

诞生于 1994 年的 Mindjet MindManager，是国内很多用户最早接触的思维导图软件。从经典的 MindManager 6，到第一个融合了甘特图功能的 MindManager 9，凭借着其和微软的深度合作关系，MindManager 可以算是 PC 时代 Windows 平台上的思维导图软件王者。然而进入互联网时代后，其发展脚步有所放慢，尤其在 Mac 平台上竞争力不足。2016 年，Mindjet 公司被 Corel 公司收购。好在此后 MindManager 被继续作为 Corel 的核心产品之一，保持着较稳定的迭代更新节奏。

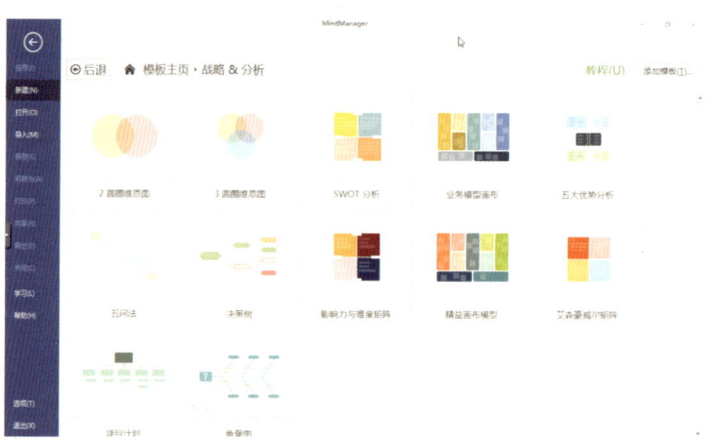

图 7-24　MindManager 内置丰富的企业级思维导图模板

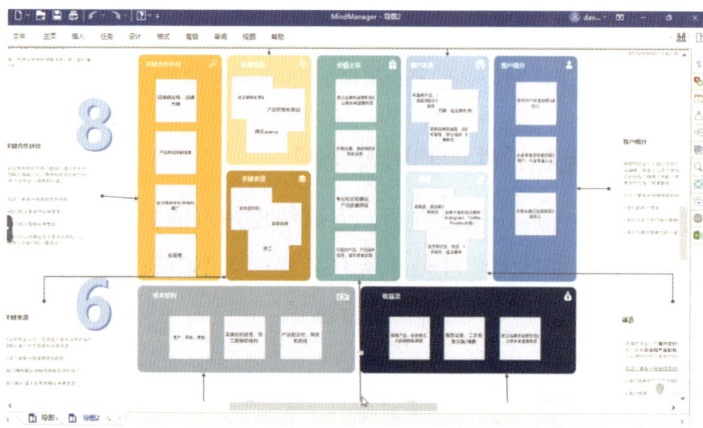

图 7-25　使用 MindManager 绘制商业模式画布

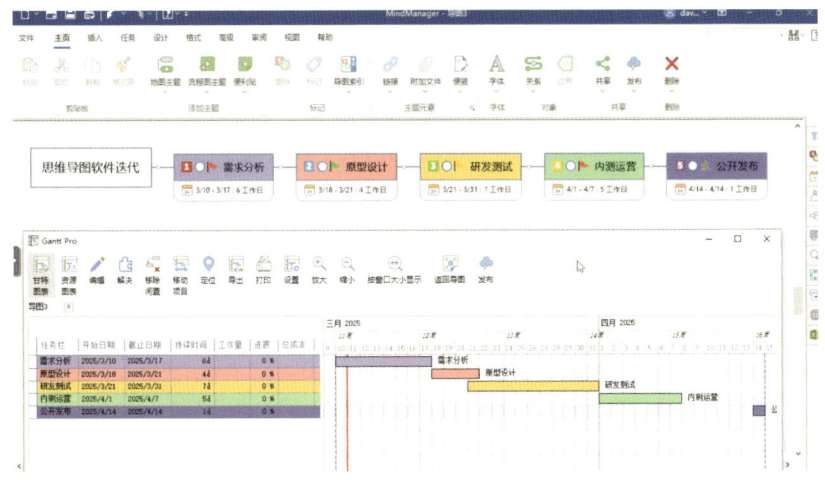

图 7-26　使用 MindManager 快速将思维导图转为甘特图

2. Xmind

网址：https://xmind.cn/

诞生于 2006 年的 Xmind，同样拥有悠久的历史，目前的经营和发展势头非常好。相较于 MindManager 纯商业的运营模式，Xmind 始终坚持基础功能免费＋高级功能收费的订阅制模式。进入移动互联网时代后，其多平台战略，使 Xmind 的用户数稳定增长。

图 7-27　Xmind 的禅意模式（Zen Mode）

Xmind 大部分基础功能免费向用户提供，部分高级功能则需要采用订阅制的方式收费。相比其他类似商业模式的思维导图软件，Xmind 免费版没有限制用户的节点创建数量（其他软件一般限制 100 个节点），对于基本的头脑风暴功能来说，这点非常有帮助。

此外，Xmind 文件格式可以算得上是目前各种思维导图软件都兼容的通用格式，可以用它来作为各种工具间导入导出的媒介。

3. MindMaster

网址：https://www.edrawsoft.cn/mindmaster/

诞生于 2017 年的 MindMaster，相比前两个软件可谓是后起之秀。目前最新版本已经接入了 DeepSeek，可以借助 AI 来拓展思考。

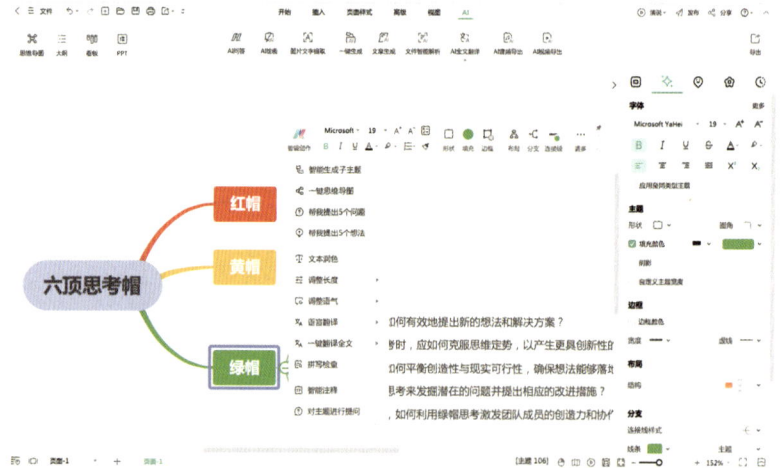

图 7-28　使用 MindMaster 的 AI 功能协助思考

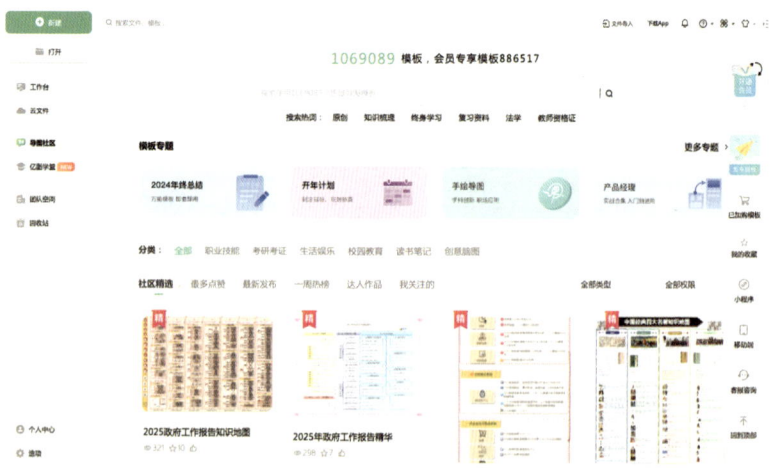

图 7-29　MindMaster 打造的用户 UGC 社区

而 MindMaster 打造的思维导图社区，也是其特色之一。用户可以上架销售自建的思维导图模板。

四、使用移动设备绘制思维导图

除了电脑之外，有时候我们也需要在手机、iPad 等移动设备上打开或编辑思维导图文件。本节将介绍三款适合在移动设备上使用的思维导图 App。

1. 腾讯文档App（或微信小程序）

腾讯文档支持通过微信小程序或 App 的方式，在移动设备上编辑思维导图。腾讯文档 App 支持在离线状态下编辑，非常适合经常出差的职场人士。

基础操作十分简便，通过点击 App 底部的几个功能按钮，即可在手机上快速创建一张思维导图。受限于手机屏幕尺寸，建议导图采用右侧版式（电脑端则通常选用左右平衡版式）。另外依托于腾讯文档

图 7-30　在腾讯文档小程序中编辑思维导图

图 7-31　在腾讯文档小程序中分享思维导图

图 7-32　可以将思维导图导出为 Word、PDF 等常用格式

强大的 AI 能力，在手机上也可以调用混元或 DeepSeek 大模型来辅助创作思维导图，这一功能优势使其在移动端思维导图应用中更具竞争力。

腾讯文档思维导图支持多种导出方式：图片、PDF、Word 及 PPT 大纲。

2. Xmind App

Xmind App 是移动设备上历史较为悠久的一款思维导图应用。操作较为简便，免费版本功能也基本覆盖常规操作。

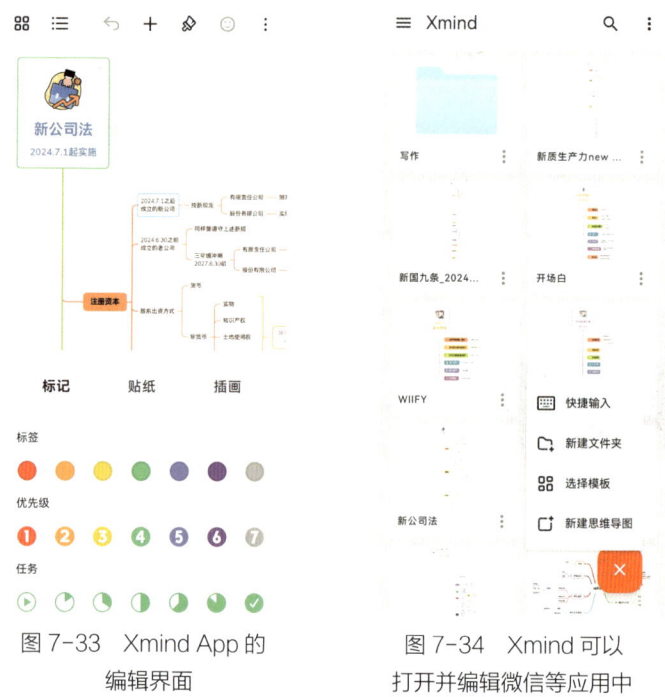

图 7-33　Xmind App 的编辑界面

图 7-34　Xmind 可以打开并编辑微信等应用中的思维导图文件

3. 知犀 App

知犀 App 小巧且功能强大，免费版本能支持多种导图版式（鱼骨图、圆形图、气泡图、双气泡图等）。

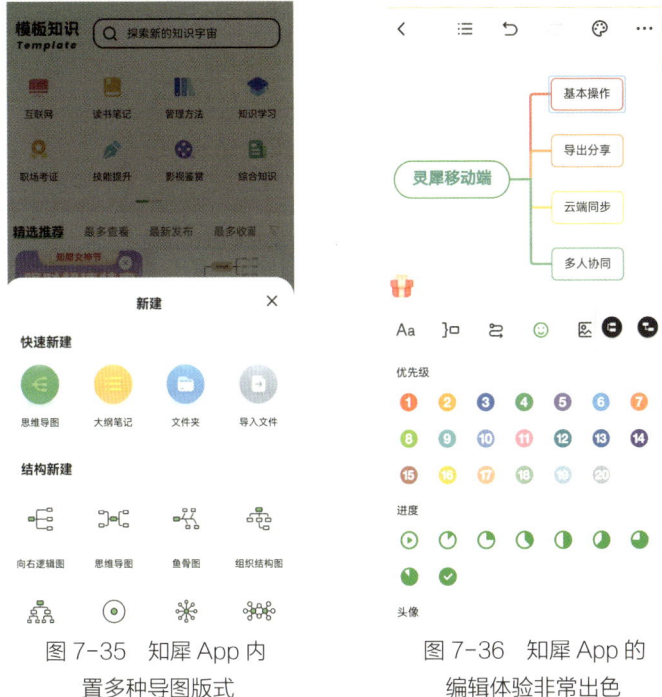

图 7-35　知犀 App 内置多种导图版式

图 7-36　知犀 App 的编辑体验非常出色

相较于 Xmind 的订阅制收费方式，知犀提供了永久买断的方式，方便用户灵活选择。

本章总结

1. 在过去的五十多年中，思维导图的创作方式历经了四个主要阶段：手绘、计算机软件、移动应用程序，以及人工智能辅助应用阶段。
2. DeepSeek 等人工智能极大地提升了思维导图创作的效率，开创了人机协同的思考新范式。
3. 腾讯文档等在线思维导图应用，提供了多人远程协同的思维导图创作方式，已经逐步成为企业中实际使用思维导图的新标准。
4. 在电脑和移动设备上安装专业思维导图软件或 App 是非常有必要的，建议用户根据自己的实际需要来选择合适的工具。

第八章

思接千载，
视通万里

全面剖析思维导图
的核心价值

本章导读
你的大脑操作系统需要升级

如果把人类看作一台计算机，那么大脑无疑便是CPU。尽管科学家们正竭尽全力地推动人类的进化，憧憬着实现"**碳基生命＋硅基科技**"相融合的宏伟蓝图，但在短期内，大脑的"硬件"依旧难以实现大幅升级改造。因此，升级"软件"——即大脑中的"操作系统"，便顺理成章地成为我们的主攻方向。

通常来说，我们热衷于更新操作系统，因为每一次升级都意味着电子设备的功能将变得更加强大。展望未来，自动驾驶的汽车、能陪护老人和孩子的智能家用机器人、能给予我们实时帮助的智能可穿戴设备都将走进我们的生活。

人与人之间的最大差异，源于大脑中的"操作系统"。那么，如何升级大脑的操作系统呢？思维导图是解锁升级之门的金钥匙。它能从思维的**广度**、**深度**、**高度**、**速度**四个维度，助力我们的大脑操作系统焕发新生。借助思维导图，我们能更广泛地探索、更深入地挖掘、更高效地思考、更迅速地应对问题。本章将详尽阐述思维导图的相关概念和知识，帮助大家了解其核心价值及未来发展趋势。

阅读完本章后，你将了解到：

- 思维导图的历史及基本概念；
- 思维导图的核心价值；
- 思维导图的四种核心思维方式及如何灵活运用；
- 思维导图和全脑思维的关系；
- 思维导图在企业中的应用情况；
- 思维导图在人工智能时代的发展趋势。

第八章 思接千载,视通万里——全面剖析思维导图的核心价值

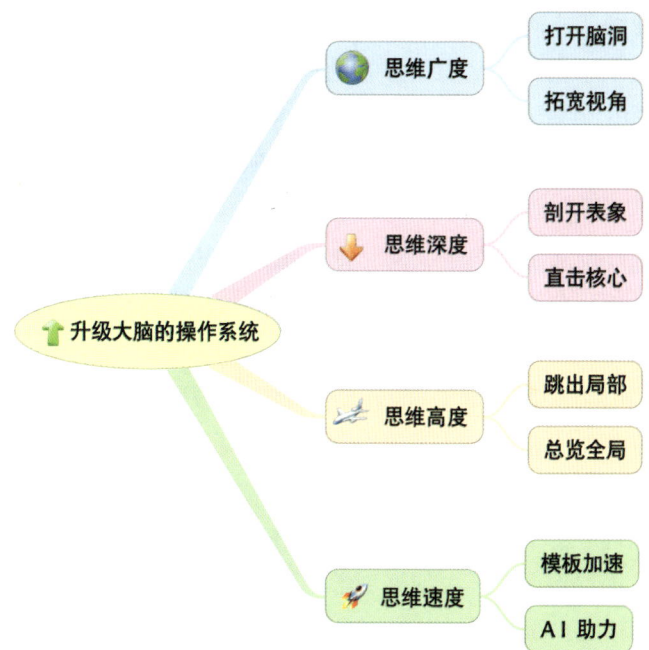

图 8-1 从广度、深度、高度、速度四个维度升级大脑的操作系统

一、思维导图的发展历史及基本概念

思维导图从最初被用来提升记笔记的效果,到如今被全球超过 3 亿人用在工作、学习、生活中,足以说明其拥有特殊的魅力。那么思维导图到底是什么?是谁发明的?有哪些作用?怎样使用?本节我将为大家逐一介绍。

1. 思维导图的发展历史

说起思维导图,我们先来认识一位传奇人物,那就是 1942 年出生于英国伦敦的思维导图之父——东尼·博赞(Tony Buzan)。他拥有心理学、语言学、数学等多学位。在担任英国大脑基金会总裁期间,他创办了世界记忆力锦标赛、世界快速阅读锦标赛,还发起了思维奥林匹克运动会。他不仅是世界著名的教育家、心理学家、作家、演讲

家和企业顾问，同时还是皮划艇运动员和教练员。他曾经因为帮助英国查尔斯王子提高记忆力而被誉为英国的"记忆力之父"，在英国广播电台BBC主持《启动大脑》系列科普节目，在英国独立电视台主持《打开思维》系列节目。通过这些节目，他发明并倡导的思维导图被世人熟知。

那么如此成功的东尼，又是如何想到要发明思维导图的呢？原来在大学时期，东尼面临着繁重的课业压力，而他当时所采用的学习方法并不足以应对这样的挑战。和大部分人一样，东尼当时也使用传统的线性笔记法（linear note-taking），即一行写满了换下一行，一页纸写满了换下一页。这种方法很快让他遭遇了阻碍——笔记记得越多，记住的反而越少，学习成绩也很难提高。为了解决这个问题，他前往图书馆想进一步了解大脑是如何学习的。然而结果却让他很失望，虽然图书馆里有不少关于大脑解剖学方面的医学书籍，却没有一本书教大家如何正确、高效地使用大脑。

这让东尼意识到这一空白的研究领域，背后正蕴含着巨大的机遇。于是东尼决定自己深入研究一番，通过对身边的一些学习成绩优异的同学进行观察，他发现这些人所记录的笔记有些不一样。这些笔记一点也不整齐，上面五颜六色还搭配着涂鸦，乍一看让人很难阅读。然而随着研究的深入，东尼发现达·芬奇、爱因斯坦等天才的笔记也经常用到涂鸦，并且将文字和图画用线连起来。

这一发现给了东尼很大的启发，非线性的笔记方式似乎更符合人类大脑发散性、跳跃性、联想性的思维习惯。此后的几年里，东尼研究了心理学、神经生理学、神经语言学和语义学、信息论、记忆和记忆技巧、感知和创造性思维等一系列内容。借助对大脑结构的研究，东尼找到了突破口，他发现人类大脑的神经元都有着像树枝一样从细胞中心向外辐射的触角，这一结构成了思维导图的原型。他在此原型基础上加入图像、关键词、色彩、分支等元素后，发明出了如今的思维导图（Mind Map）。

2. 思维导图的基本概念

1）思维导图一词的由来

20世纪60年代末期，东尼·博赞先生发明了思维导图，思维导图于90年代初期被引入中国。因其外形结构酷似脑细胞、神经元，最初被翻译为"脑图"。但在后续的使用中，大家发现这一名字容易让人联想到医学领域的脑电图、心电图等，所以"脑图"这一叫法逐渐淡出了人们的视野。

取而代之的是"思维导图"。"导"这个字用得尤为绝妙，形象地描述了**思维**（Mind）在大脑中经过反复酝酿推导，最终**导出**、**映射**（Mapping）到大脑外部形成一张**地图**（Map）的过程。

此外，日本、新加坡等地将其翻译为"心智图"，这一翻译更多地展现了思维、心智，但少了"推导"这一层含义，所以综合来看还是"思维导图"的翻译更佳。

2）思维导图是怎样绘制的

思维导图的绘制，主要有手绘和软件工具绘图两种方式。第七章已经详细介绍了用软件绘制思维导图的方式，所以接下来我简单介绍一下手绘思维导图的方式：

- **绘制中心主题**：将白板纸或A4纸横过来放置，从纸的正中心开始绘制，周围留出足够大的空白区域。把中心主题用图形或关键词绘制出来，它代表了整张图的核心思想，是后续所有思维的起点，因此需要尽可能聚焦所要解决的问题，避免方向性错误。
- **绘制一级主题**：沿时钟两点钟方向，从中心主题向外由粗到细画出一条分支。围绕中心主题展开思考，将第一个联想到的内容用图形或关键词画到这条分支上面。

按顺时针方向，沿时钟三点钟方向，继续从中心主题向外由粗到细画出一条分支。将围绕中心主题第二个联想到的内容用图形或关键词画到这条分支上面。

依次类推,直到整张思维导图上有 6~8 个一级主题(通常不建议一级主题超过 10 个)。注意,整体按顺时针方向绘制,当纸的右侧有 3~4 个一级主题后,可以换到左边继续绘制。

图 8-2 绘制思维导图的中心主题和一级主题

- **绘制二级主题和后续主题**:重新回到第一个一级主题,沿右上 45°方向由粗到细画出一条二级分支。以此为焦点展开思考,将第一个联想到的内容用图形或关键词画到这条二级分支上面,得到二级主题,如图 8-3 所示。

沿当前一级主题,在上述二级分支下方由粗到细画出另一条二级分支,将第二个联想到的内容用图形或关键词画到这条二级分支上面,如图 8-3 所示。

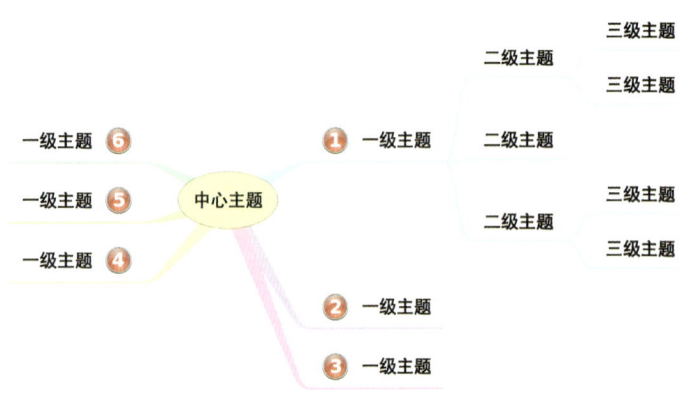

图 8-3 绘制思维导图的二级主题和后续主题

依次类推,直到当前一级主题后有 3~5 个二级主题(考虑到纸张大小,通常不建议超过 5 个二级主题)。

重新回到刚刚绘制的第一个二级主题,并尝试继续展开思考,得到三级主题(见图 8-3)。

手绘思维导图的注意事项:

- 在整个绘制过程中使用颜色(每个一级分支及后续衍生的子分支用统一的颜色)。
- 让思维导图的分支自然弯曲,并且从中心由粗到细向外画(想象成一棵大树的枝干)。
- 在每条分支上使用一个关键词或图形,靠近中心主题的文字和图形可以大一些,远离中心主题的文字和图形则逐层级变小。

3)思维导图应该怎样阅读

思维导图融合了图形、文字、色彩等元素,并通过树状的分支结构将信息联系组合起来。相比常规的线性笔记和书籍排版,思维导图初看之下会显得比较凌乱。但只要掌握了正确的阅读方法,思维导图还是非常容易理解的。

如图 8-4 所示,这张思维导图的阅读顺序为:

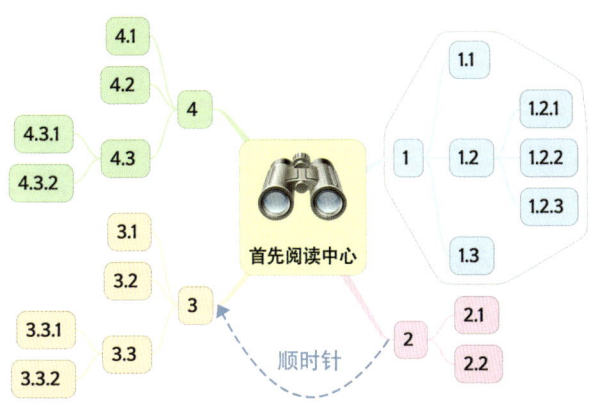

图 8-4 思维导图的阅读顺序

- 首先阅读中心主题，了解整张思维导图要表达的核心内容。
- 接着阅读图中的4个一级主题，了解整张思维导图的主要观点。
- 一级主题的阅读顺序和手绘的顺序保持一致，即 1→2→3→4。这种顺序也体现了各主题之间的优先级高低。
- 每个一级主题所衍生出的子主题之间的阅读顺序为从上到下、从左到右，如图8-4中框内的部分，推荐阅读顺序为：1→1.1→1.2→1.2.1→1.2.2→1.2.3→1.3。

3. 思维导图和全脑思维

人类的大脑由左脑和右脑两部分组成，这就好比我们每个人配备有"双核CPU"。如图8-5所示，左脑又被称为"**逻辑脑**"，其特点就是理性。左脑擅长处理语言、文字、逻辑、分析、顺序、计算等任务，需要通过后天努力来提升能力。而右脑则被称为"**创意脑**"，相较于左脑更擅长处理图形、色彩、声音、节奏、空间等信息，其能力大部分是天生的。

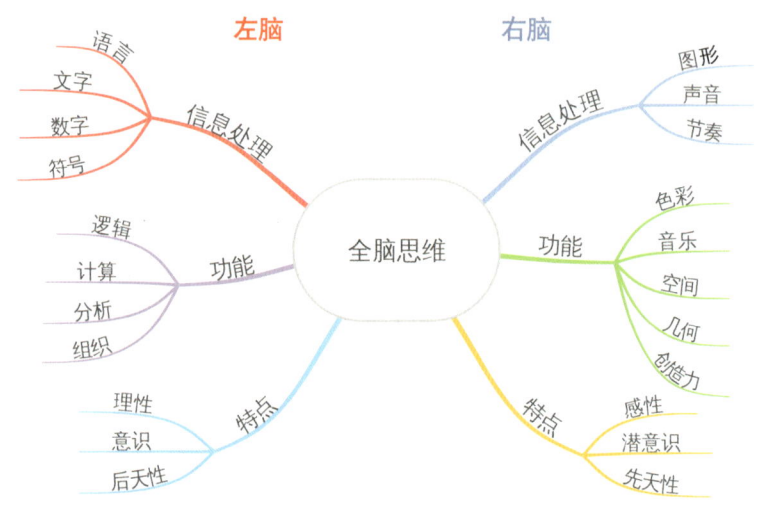

图8-5 左右脑功能描述

研究表明，左右脑习惯于"各忙各的"，即同一时刻有一半大脑处于支配状态，另一半大脑则处于抑制状态。这就好比我们的双核CPU只发挥了50%的能力。对于每个人来说，就像"左撇子"和"右撇子"一样，都有更习惯和倾向使用的大脑。倾向使用左脑的人，通常更有条理、守时、注重细节，而倾向使用右脑的人则更擅长创造、创新和运动。

全脑思维所追求的，就是充分调动左脑和右脑，兼顾逻辑与创意，从而让我们拥有更多元的视角，提升思维的效能。那么思维导图和全脑思维又有什么联系呢？

- 外在四要素：图形、关键词、色彩、分支；
- 内在四核心：逆向思维、水平思维、垂直思维、平行思维。

如图 8-6 所示，从左右脑分工的视角来看，可以看到关键词、垂直思维、平行思维与左脑密切相关，而图形、色彩、分支、逆向思维、水平思维则与右脑密切相关。在绘制思维导图的过程中，我们实际上是在综合性地使用左脑和右脑，既保证了思维的逻辑性，又兼顾了思维的创造性，可以说是实现了全脑思维所追求的目标。相比之下，金字塔原理等思维工具，更多地使用注重逻辑的左脑，所以得出的结果有很强的推理性，却少了一些创造性。

图 8-6 思维导图和全脑思维

二、思维导图的外在四要素

一张图之所以被称为思维导图,主要是其构成满足了如图 8-7 所示的外在四要素:图形、关键词、色彩、分支。

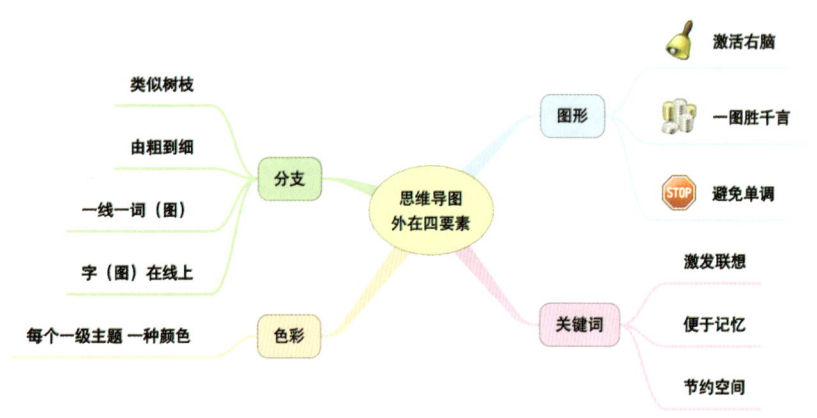

图 8-7　思维导图的外在四要素

1. 图形

早在语言文字诞生之前,古人就开始在洞穴岩壁上用图形来描绘故事。可以说图形是人类进化过程中大脑的默认语言。回忆一下我们在还不会写字的时候,画图就是我们表达的一项主要技能。然而随着年龄增长,接受了教育之后,我们逐渐忘记了这项技能。尤其是工作之后,我们很少有机会通过画图来表达和传递信息。

思维导图原本就是一种特殊的图形,在绘制的过程中非常强调图形的作用。对人类的大脑来说,好的图形胜过千言万语。图形不仅能增强我们的记忆,也能刺激我们的右脑,从而激发创造力。

需要指出的是,即便是画图能力很一般的人,也可以用好思维导图。因为思维导图里的图形并不追求完美,哪怕画得很幼稚、很抽象、很难看,只要自己能看懂,同样能起到激发创造力的作用。当然,如果能将图形画得精美、生动、形象肯定更好。好在随着思维导图软件的发展,如今我们可以非常方便地将图片、图标等加入思维导图中,起到美化和激发创造力的作用。

2. 关键词

思维导图有一个非常重要的特征,即使用关键词而非完整的长句。使用关键词主要有以下三大好处:**激发联想、便于记忆、节约空间**。

- **激发联想**:这指的是我们的大脑在思考的时候,越短的关键词,越不受限制。例如,我们可以对比一下,思考"砖块的用途"和"一块红色的蜂窝状砖块的用途"。显然"砖块的用途"让我们能联想到的事物更多,而由几个关键词组合成的"一块+红色+蜂窝状+砖块+用途"带来的联想和想象的空间变少了。
- **便于记忆**:这指的是我们的大脑在思考的时候,更多的是灵感的闪现,此时如果用完整的长句来记录,很有可能会导致灵感和创意被遗忘。
- **节约空间**:这指的是以往在纸上手绘思维导图时,用关键词显然比完整的长句更节约纸张空间,同时也能减少书写绘制的工作量。

需要特别注意的是,随着思维导图软件的发展与普及,现在我们主要通过键盘输入文字,这导致我们经常看到一些充斥着长句的思维导图。与其称其为思维导图,不如说是一篇 Word 文档。大量的长句不仅令人感到枯燥,也限制了我们思考时进一步联想的空间。因此,**我们在绘制思维导图时,应尽可能使用关键词**。

3. 色彩

我们的大脑不喜欢单调,丰富的色彩可以刺激我们的右脑,从而激发创造力。思维导图也遵循这一原则,但是需要注意的是画每一个一级主题及其后续衍生的各级子主题时,**最好使用相同的色彩**。这样做是为了更好地区分一张思维导图上的多个一级主题,从而使整张思维导图更容易阅读。

思维导图对于内容和色彩的对应关系并没有强制要求,并不会像六项思考帽那样用特定的颜色表示特定的含义。我们可以根据自己的偏好来选择一级主题及下方分支的色彩。如今主流的思维导图软件都提供了配色方案,用户可以非常方便地调整思维导图的色彩。我建议大家尽可能选择接近彩虹的配色方案,**这样既能很好地区分各个一级主题,又使颜色的过渡比较自然。**

4. 分支

分支可能是最容易被忽视的思维导图组成要素,但其重要性不可忽视。试想一下,是什么让你一眼就识别出这是一张思维导图?图形、关键词、色彩这些固然重要,但是如果缺少了将它们联系起来的分支,恐怕就只是一堆凌乱的碎片化信息。

在传统的手绘思维导图中,分支从中心开始向各个方向由粗到细地延伸,将图形、关键词串联起来,展示了我们的思维路径。绘制分支时还需要尽可能弯曲,避免使用直线,这样可以避免思维导图变成线性笔记。

三、思维导图的内在四核心

如果把思维导图比作一种功夫,那前面提到的外在四要素则是思维导图的"外在招式",而更为重要的"内功心法"则是如图 8-8 所示的四种核心思维模式:逆向思维、水平思维、垂直思维、平行思维。

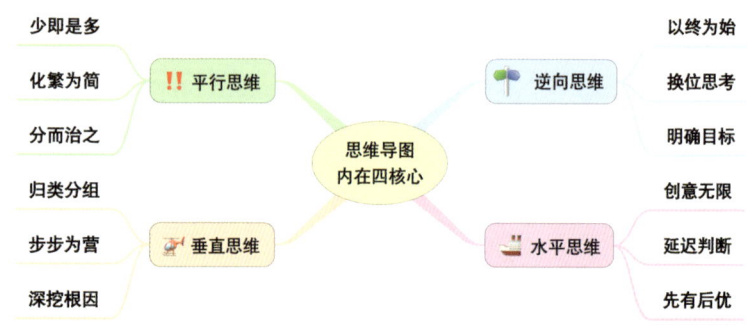

图 8-8 思维导图的内在四核心

下面我就按是什么、为什么、怎么用的逻辑来向大家逐一介绍：

1. 逆向思维

What - 什么是逆向思维？

为了更好地理解逆向思维，我们需要先了解一下正向思维。假设你起床后拉开窗帘，发现窗外天色阴沉、乌云密布，这时你会怎么想？估计大家都会想到可能要下雨了，所以出门上班前最好带上雨伞。

如图 8-9 所示，"云、雨、伞"这种由外部**现象**、**信息**，引发大脑的**推测**、**判断**，最终促使我们采取某种**行动**、**措施**的思维方式，就是典型的正向思维。

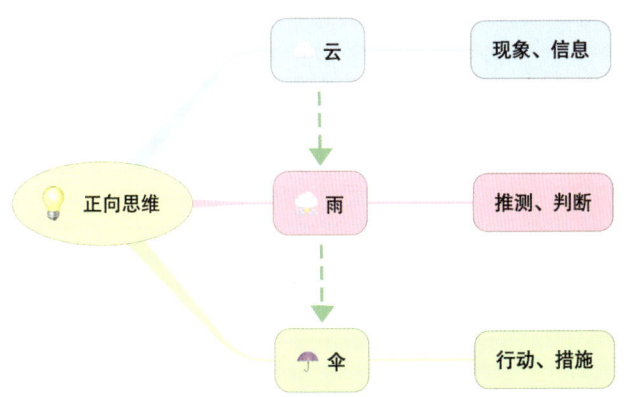

图 8-9　正向思维"云、雨、伞"

逆向思维（Reverse Thinking）又称反转思维，是一种对常规思维模式的逆转和颠覆。它让我们从事物的反面出发，转换视角去探寻新的解决方案。熟练掌握并运用逆向思维，不仅能够帮助我们突破固有的思维定式，还能很好地激发我们的创造力，为解决问题提供全新的视角和思路。

Why - 为什么要使用逆向思维？

通常，大多数人在思考时会下意识地使用正向思维。这本身没有问题，但是如果一个人的大脑中只有这种单一的思维模式，就很容易被其强大的思维惯性所束缚，往往很难意识到自己的思维定式，也就无法从中跳脱并激发创造力。

而逆向思维的核心在于挑战传统观念和常规思维，敢于"反其道而思之"。它能帮助我们在面对问题时，跳出固有的思维框架，站在相反的角度去换位思考，从而发现新的可能性，提出前所未有的解决方案。

我们来看一个具体案例：

> 二战期间，英美盟军在欧洲战场进行了大规模战略轰炸，但初期遭遇了惨重的飞机损失。由于缺乏战斗机的护航，B-17和B-25轰炸机战损率高达20%。为了降低损失，盟军着手对飞机进行加固改造，看到返航飞机的机翼上密集的弹孔，大家就想着往机翼上加焊钢板。但是在机翼上加装了钢板之后，飞机的航速、航程、载弹量都受到了很大的影响。
>
> 在大家一筹莫展之际，一位数学家提出了一个相反的建议，不用加固机翼，而是将钢板加装在驾驶舱。这位数学家将视角出发点从"生还"的飞机，转换到了"坠毁"的飞机。能够返航的飞机都没有被击中要害，虽然机翼上有许多弹孔，但这并不会让飞机立刻坠毁。但如果驾驶舱中弹，就会造成飞行员伤亡，从而导致飞机坠毁。
>
> 这种打破常规的逆向思维起到了显著的作用，加固驾驶舱之后，轰炸机的战损率明显下降，提升了大规模战略轰炸的效果，最终对二战的走势产生了深远的影响。

How – 怎样使用逆向思维？

职场中大家可能也遇到过"方向不对，做得越多，错得越多"这一问题。例如，一次公司团建活动安排了一场定向越野比赛。如果你没仔细研究地图上的标识，就匆匆忙忙出发了，那么很有可能会迷失方向，白白浪费了体力，却与终点渐行渐远。

想要避免这种情况，你需要在大脑中安装一个"指南针"，每次思考前都先看一下方向，提醒自己终点在哪里，以终点为思考的起始点。以终为始（Begin with the End in Mind）出自史蒂芬·柯维博士的著作《高效能人士的七个习惯》，是其中至关重要的一个习惯，它强调在行动之前应先明确自己的目标和愿景。

在绘制思维导图时，应该先运用逆向思维，以最终要实现的目标和愿景作为思考的起始，确定整张思维导图的中心主题。这样可以有效地避免因为目标不明确，而导致时间和精力白白浪费。

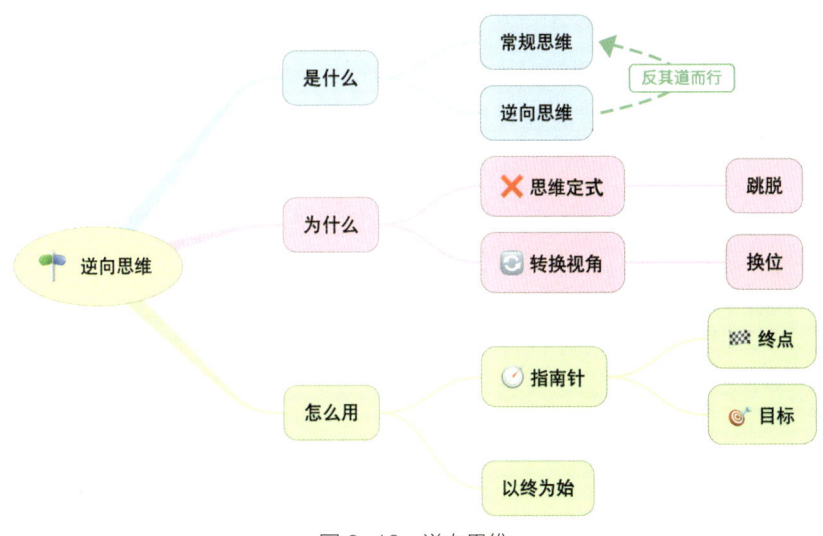

图 8-10　逆向思维

2.水平思维

What – 什么是水平思维？

水平思维（Lateral Thinking）又称横向思维、发散性思维，由著名的爱德华·德博诺博士提出，指的是在思考问题时摆脱已有知识和旧的经验约束，冲破常规，提出富有创造性的见解、观点和方案。由于应用广泛,目前水平思维一词已经被收录到《牛津英文大辞典》中,其解释为"以非正统的方式,或者显而易见的非逻辑方式来寻求解决问题的办法"。

如果一个人思考时只会使用传统的垂直思维(逻辑思维),就容易陷入牛角尖,无法突破固有的模式、结构、观念。以石油勘探为例,垂直思维好比在一个位置不停向下深挖,而水平思维则鼓励大家多选择几个位置分别挖掘,这样做更有可能发现石油。通过不断地发散思维,摆脱固有模式的束缚,多方位、多角度、多元地思考问题,从而找到全新的创意。

Why – 为什么要使用水平思维?

通常来说,工作中的绝大多数时候我们都严格遵循着垂直思维(逻辑思维),遇到问题时大家都会理性地分析,并通过层层推导加以验证。这种方式虽然能推导出合理的结论,但却容易受到传统观念和过往经验的束缚,难以产生新的创意。

在新的时代背景下,我们急需寻找一种能让大家"脑洞大开"的思维方式,而水平思维则是绝佳的选择。

我们来看一个具体案例:

> 每到冬季,加拿大的北部山区就会频降暴雪。而通信线路上很容易产生积雪,如果不及时清理,积雪就会结冰导致电线被压断,使得当地通信中断。为了解决这一问题,政府召集当地居民开会,共同研究如何高效清除电线上的积雪。
>
> 刚开始,大家都还是按传统的经验提出各种方案。例如,先开着铲雪车清理积雪路面,再用带有升降梯的车辆将工作人员抬升到高处清理积雪。然而这种方法在暴雪面前很难实现。有时候铲雪车清理地面积雪就要耗费很长时间,升降梯在暴雪中也经常出故障,最终结果就是清理电线积雪的效率非常低下,当地居民对长时间通信中断的抱怨声越来越大。

就在各路专家迟迟无法给出更好的方案时,一位当地的孩子提出了一个有趣的问题:"你们能不能像女巫那样骑着扫把,飞到天上去清扫积雪?"。这一看似荒诞的办法,引起了一位专家的注意。虽然没有骑扫把的女巫,但是他从这位孩子的提问中,联想到了用直升机飞到积雪的电线上方,利用螺旋桨把雪吹走的方案。

经过现场测试,这个方法有效,不需要投入大量人力物力,只要几架直升机和几位飞行员,就能快速解决电线积雪的问题。此后几年,当地再也没有发生过因为暴雪压断通信线路而导致通信中断的问题。

How - 怎样使用水平思维?

当我们遇到用逻辑思维难以推进的问题时,不妨考虑使用水平思维来打开"脑洞"。

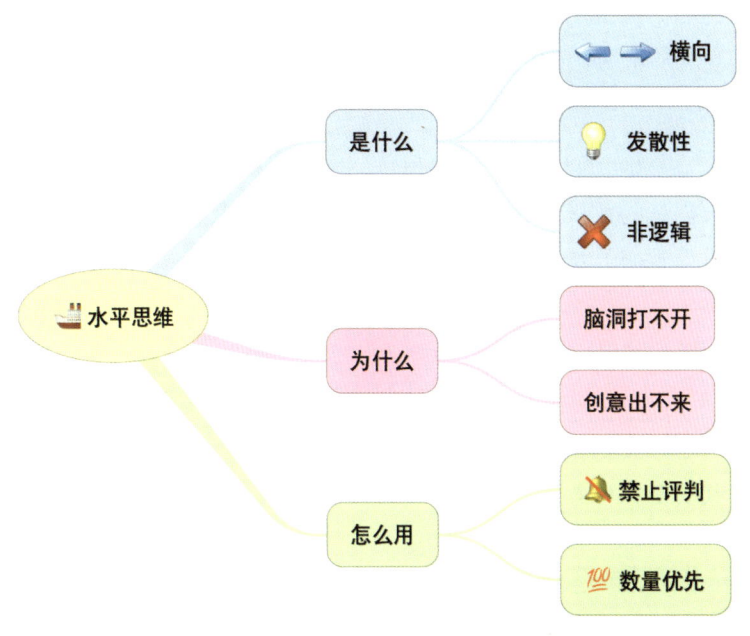

图 8-11 水平思维

在绘制思维导图时，首先用逆向思维确定中心主题。接下来就轮到水平思维登场了，这一阶段的目标是围绕中心主题，遵循先有后优原则，尽可能多展开联想，把所有想到的灵感、创意都记录下来，并以一级主题的形式记录到思维导图上。如果某个一级主题引发进一步的联想，则可以用二级、三级主题等方式进行记录。

3. 垂直思维

What – 什么是垂直思维？

垂直思维（Vertical Thinking）又称纵向思维、逻辑思维、收敛性思维，是以逻辑和数学为代表的传统思维模式。其特点是根据前提步步为营地推导，深挖问题的根本原因，这一过程既不能跳过，也不允许出现步骤上的错误。

垂直思维重点关注思维的深度，其优点是具有非常强的逻辑性、推理性，能够让我们专注于一个点，深入分析因果关系，逻辑合理地解决问题。但由于这种方法是基于已知求未知，所以往往容易受到知识和经验的束缚，存在比较明显的认知局限和创新局限。

Why – 为什么要使用垂直思维？

上一节中我们介绍了水平思维，特别强调了在运用水平思维时专注追求创意的数量，尽可能让思维发散、脑洞大开。那么，怎样对水平思维得到的数量众多的创意进行深入分析、验证、归纳、分类、排序等收敛性操作呢？这个时候垂直思维就能发挥其优势了，通过逻辑推导深度检验每一个创意是否可行。

如果说水平思维是"开脑洞"，那么垂直思维就是"挖根因"，即挖掘问题的根本原因。

我们来看一个具体案例：

> 想必大家应该都有去医院看病的经验，预约、挂号、排队候诊。进入诊室后，你需要尽可能详细地描述你的症状和问题。优

秀的医生会根据你所描述的症状，综合他的临床经验及近期的高发流行病进行分析，假设潜在病因。这个过程相当于在进行水平思维。

接下来，医生会根据他的判断，开具一系列化验单，让你进行各项相关检查。当完成所有检查后，你再拿着化验报告去复诊。根据化验结果，医生会排除一些潜在病因，并判断是需要做进一步的化验，还是已经找到了问题，可以对症下药开具相应的处方。这个过程相当于在进行垂直思维。

在工作中也存在类似场景。例如，工厂的某个流水线总是容易出故障，于是组织了一批专家去现场调研分析。专家到现场后，先是找工人了解情况，再通过实地观察收集了许多资料。随后基于这些素材进行头脑风暴，列举了产生问题的各种可能性，并依次制定了解决方案。最后，带着这些可能性和对策，再次来到现场进行验证，最终找到根本原因并将问题解决了。先进行水平思维让思维发散，再进行垂直思维对发散的成果进行收敛分析，这样就可以兼顾思维的广度和深度，效果会比仅使用其中一种思维好得多。

How – 怎样使用垂直思维？

正如上面的案例所揭示的，水平思维和垂直思维各有其优缺点，通过把两种思维方式结合使用能起到扬长避短、事半功倍的效果。这里需要特别强调，两者的使用顺序很重要：先水平，再垂直，即分析问题时先从水平思维切入，"开脑洞"尽可能多提出创意，再使用垂直思维对得到的创意进行逻辑分析，寻找最佳方案并不断深入思考，直至最终执行落地。

在绘制思维导图时，从一级主题向外延伸的每一级子主题，都是一种垂直思维。思维导图可以非常直观地展现思维的深度，即主题层级越多，思维的深度越深。

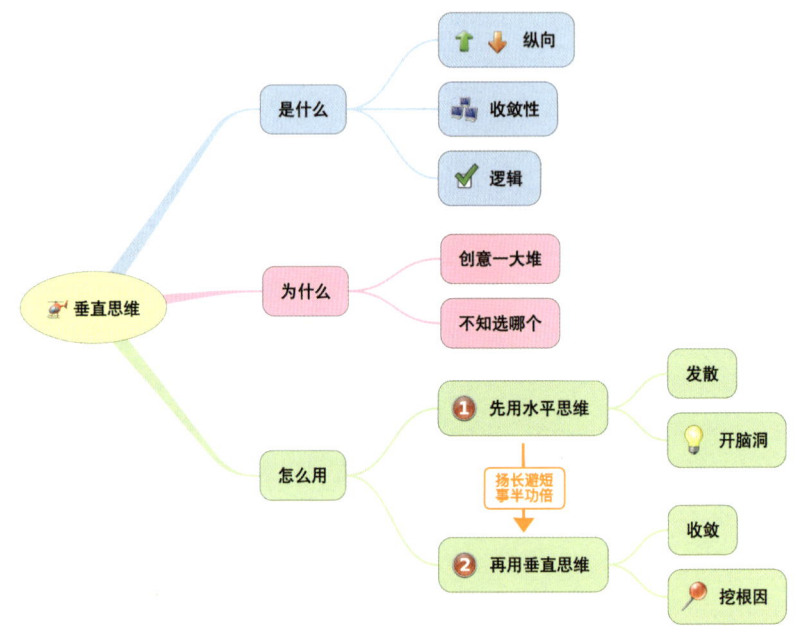

图 8-12　垂直思维

4. 平行思维

What – 什么是平行思维？

平行思维（Parallel Thinking）和前面介绍的水平思维一样由爱德华·德博诺博士提出，指的是开始思考前，先将问题切分成几个不同的角度并设定好先后顺序，然后按顺序逐一深入思考每个角度。通过这种方式，巧妙地使问题的各个角度"平行"，从而避免多个角度相互交织形成干扰，让我们可以更清晰地思考。

Why – 为什么要使用平行思维？

俗话说"欲速则不达"，思考问题时这一现象尤为明显。越是想加快速度，同时从几个角度思考问题，却反倒让思维交织在一起，最后乱成了"一锅粥"。

大家应该都有过类似经历，当我们独自思考某个问题的时候，脑海中可能会出现两种截然不同的声音，其中一种让我们向左转，另一种则让我们向右转。遇到这种情况，我们的大脑只好停下来，等待我们做出选择，思维也就陷入了停滞状态。

如果说自己独自思考时，上述情况只能算是一种"思维内耗"的话，那么当许多人在一起开会的时候，情况就会演变成一场辩论、冲突甚至争吵。最后问题没解决，参会者还大动干戈伤了感情。

究其原因，每个人习惯的思维角度不同，尤其是跨部门沟通时，大家原本的职责和立场就不同。财务部的同事关注预算管控，法务部的同事则关注合规及风险，销售部的同事则关心怎样完成业绩指标拿到提成。如果缺乏引导就开始讨论，大家自然会站到自己熟悉的立场和角度上思考，产生的观点也会相互制约甚至对立，最终导致会议很难达到预期目标。

想要解决这一难题，我们需要引入平行思维。其精髓在于"化繁为简，分而治之"的理念，通过强制要求大家在同一时刻聚焦问题的同一个角度，统一大家的立场和视角，让大家进入同一个"频道"思考，从而有效避免将时间浪费在冲突和争执上。

How – 怎样使用平行思维？

掌握平行思维能极大地提升思维的效率，避免"思维内耗"。虽然一次只思考一个方向似乎会拖慢思维的速度，但欲速则不达，越想加快思维的速度，越容易让各个不同角度的思维交织缠绕在一起，最终乱成"一锅粥"。

使用平行思维并不难，大家只需要掌握两个步骤：

第一步：化繁为简

将一个问题，切分成几个不同的角度。切分的时候既可以自己设计，也可以参考各种经典思维工具。例如，六项思考帽将问题分成六个不同的角度，SWOT、PEST、4P 等分析框架则将问题分成了四个不同的角度。

第二步:分而治之

为切分后的问题角度设定先后顺序。自己独立思考或几个人一起讨论时,按设定好的顺序,依次进行思考,直到完成所有角度的思考。

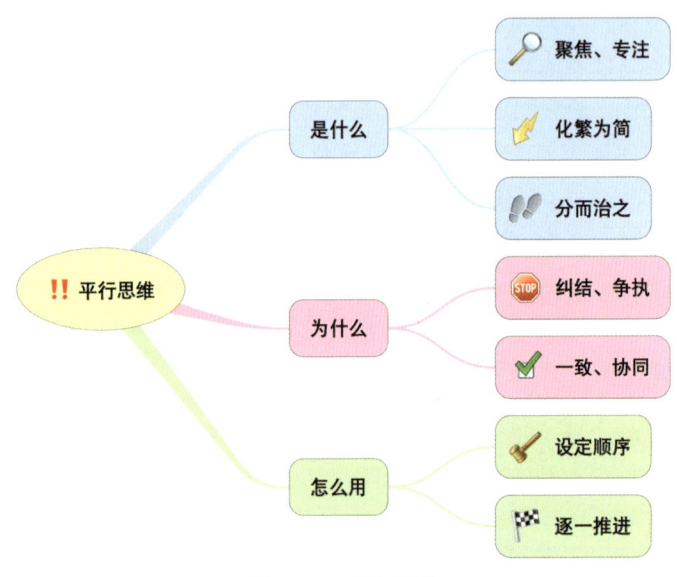

图 8-13 平行思维

在绘制思维导图时,无论一共有多少主题,同一时刻我们都聚集在其中一个主题上。所以从这个层面上来说,平行思维可以称得上是思维导图的底层逻辑。

5. 综合运用

我们已经了解了思维导图的四种核心思维模式,接下来我们将探讨如何综合运用以帮助我们更高效地思考的。

第一步:通过逆向思维,确定中心主题

正所谓"方向不对,努力白费",如果我们一开始就选错了问题,那后续所有的思考都相当于浪费时间。逆向思维能提醒我们"以终为始",通过转换视角,找准最终要去的目的地,避免方向性错误。

第八章 思接千载，视通万里——全面剖析思维导图的核心价值

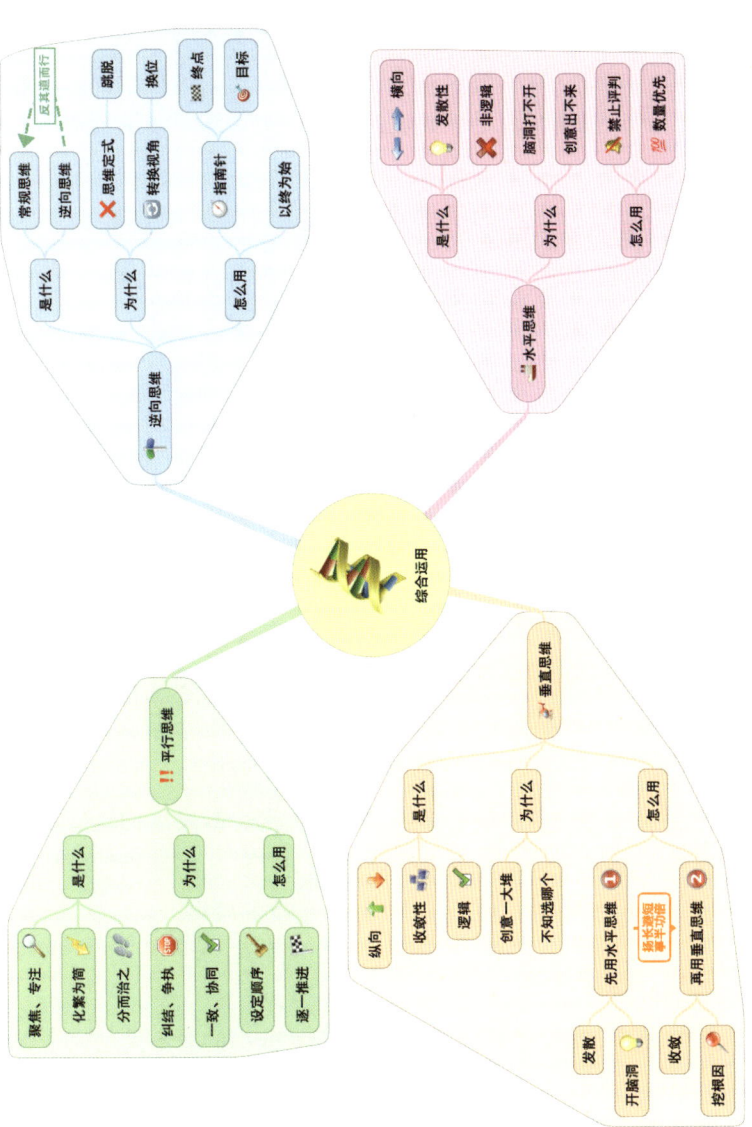

图 8-14 综合运用四种核心思维模式

第二步：通过水平思维，快速打开脑洞

确定方向之后，我们需要快速激活大脑，扩大思维广度。围绕中心主题，尽可能多地释放我们的创造力。毫无疑问，水平思维是这一阶段的最佳选择。通过前文介绍的随机输入法、反转互换法、挑战传统法等工具，快速获取足够数量的创意，为后续"精挑细选"奠定基础。

第三步：通过垂直思维，逐一深挖主题

有了水平思维产生的大量创意，垂直思维也就有了抓手。通过对每一个主题进行持续深挖，不断加深思维的深度。在这一过程中，持续归纳、分类、排序，将相对凌乱的思维，变得结构化。

第四步：平行思维，贯穿始终

平行思维作为绘制思维导图的底层逻辑，确保了我们能聚焦、专注地推进思考，避免思绪相互交织，让大脑陷入停滞状态。

四、思维导图的核心价值

说起思维导图的核心价值，正如同其英文（Mind Map）的字面意思一样，它把原本看不见也摸不着的思维（Mind），从大脑中导出变成了一张地图（Map），可视化地呈现在了我们面前。

我们不仅能够看到思维的成果，还能追溯思维发展的轨迹。如此一来，我们便能轻松地对思维进行迭代加工，从最初的纷繁杂乱的灵感，逐步走向明晰透彻的创意，最终结出宝贵的硕果。

1. 隐性思维显性化

人类的思维过程，是一个发生在我们大脑中的看不见也摸不着的"隐性"过程。

当我们开始思考一个问题时，大脑内类似树状的神经元便会释放出微电流，并从细胞中心向外辐射，从而引发一系列的连锁反应，最

终帮助我们得到一些结果。这些微观层面的活动很难被直接观察和记录，自然也很难被我们感知。

思维导图作为一种革命性的思维工具，其最大的价值就是帮助**我们将这一隐性的思维过程显性化**。通过类似神经元的树状结构，捕捉思维的灵感并记录下思维的轨迹，最终将我们的所思所想从大脑中"搬出来"，清晰地呈现在我们面前。

为什么要把思维从大脑中"搬出来"呢？因为**大脑的价值在于创意而非记忆**。

如果不及时把大脑思考得到的创意"搬出来"，我们的短时记忆很快就会被消耗光（内存满了），这时大脑就会停止思考并转去设法记住它们（从内存移到硬盘），而记忆这件事会消耗很多时间和能量，最终导致我们思考的效率降低。

借助思维导图，我们可以将整个思考过程，从大脑中快速"搬出来"。例如，记录到纸上、电脑、iPad、手机、在线文档等地方。大脑只需要聚焦思考创意，将记忆交给"外脑"或者叫"第二大脑"，这样就能最大限度地释放大脑创意的潜力，提升思维的效率。

2. 显性思维结构化

一旦我们能将思维从大脑中搬到大脑外，就相当于完成了一次视角的切换。**这一过程就像在玩电脑游戏时，从第一人称视角切换到第三人称视角**。通过这种切换，我们突然获得了旁观者的角度，有了审视自己思维成果的能力。

这是一种非常奇妙的体验，原本需要一个人独自面对的苦思冥想，突然间多了一个可以共同商量讨论的伙伴，而且这个伙伴还和你一样聪明。通过多轮"自我对话"，对已经显性化的思维进行二次加工就变得相对容易了，原本凌乱的思绪也逐渐变得结构化了。

说起结构化，大家可能想到了大名鼎鼎的"金字塔结构"。这一结构源自芭芭拉·明托的著作《金字塔原理》，最初为了解决写作思路不清晰的问题，在经过了大量的实践和改进后，现如今金字塔原理已经成为麦肯锡公司的标准之一，并被看作其公司理念和规范的重要组成部分。

如图 8-15 所示，金字塔结构中每一层都是上一层的论据，同时也是下一层的结论。从上层往下层看，展现的是"Why so"思维，即"结论是……因为……"。从下层往上层看，展现的则是"So what"思维，即"因为……所以……"。同一层级的左右节点可以是并列或递进的关系。将思考的成果按这样的结构排列放置后，可以非常清晰地展现出彼此之间的逻辑关系。严格来说，金字塔结构还须遵循我曾向大家介绍过的 MECE 原则（Mutually Exclusive, Collectively Exhaustive）。

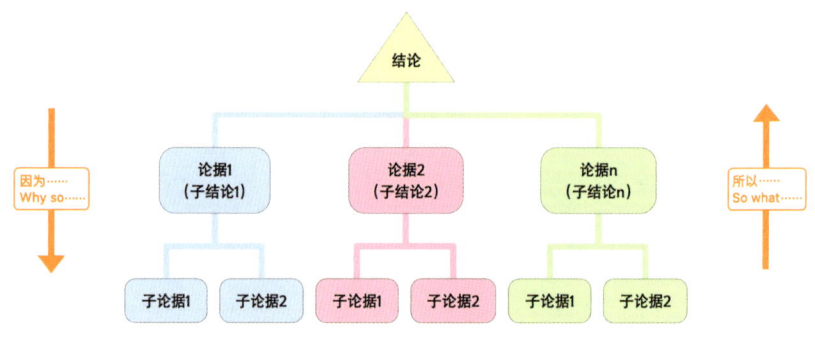

图 8-15　金字塔原理

在实际使用过程中，金字塔原理对大家的逻辑思维能力要求非常高，即便是咨询公司的资深顾问，想要构建一个符合 MECE 原则的金字塔结构，也需要花费大量的时间和精力。相比之下，思维导图则更追求左右脑均衡的全脑思维。

如图 8-16 所示，除了金字塔结构外，职场中常用的结构还包括二维矩阵、鱼骨图、流程图、表格等。总之，通过对显性化的思维进行二次加工，可以得到更清晰的结构化思维。

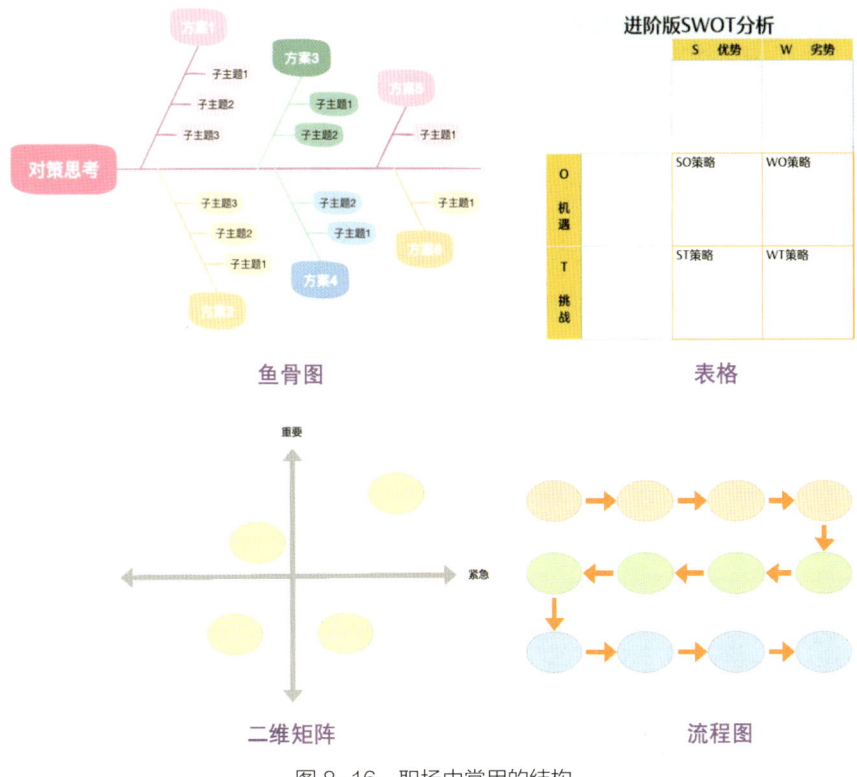

图 8-16 职场中常用的结构

3. 结构思维模板化

当经过了隐性思维显性化、显性思维结构化两个步骤之后,我们可以尝试将结构思维模板化。

正如前面所介绍的金字塔结构,在经过了不断迭代优化后,最终成了麦肯锡公司乃至整个咨询行业的一种行业标准。如果我们能将思维成果提炼并形成方法论,那无论是对于个人还是组织来说,都具有极高价值。

一个好的思维导图模板不仅可以加快我们思考的速度,还能帮助我们养成良好的思考习惯,最大程度避免因为思维盲区导致产生错误决策的风险。

在第六章，我为大家梳理了职场上常用的 50 个思维导图模板，大家可以根据实际场景选用。

五、思维导图的发展现状和未来展望

1. 思维导图的发展现状

1）思维导图在企业中的价值

哪些企业在使用思维导图？

在全球范围内，许多顶尖企业已经将思维导图作为提高工作效率和团队协作的重要工具。例如，苹果、谷歌、微软和亚马逊等全球 500 强企业早已广泛采用思维导图来帮助员工更好地组织和梳理信息，提高决策效率。

哪些部门适合使用思维导图？

思维导图的普及程度已接近 PPT，在企业中的各个部门均有所应用。若进行排名，以下部门的运用频率相对较高：

- **产品部**：思维导图已成为产品经理的关键工具。许多大家耳熟能详的产品，最初的灵感与创意或许都源自一张思维导图。
- **项目部**：项目经理每时每刻都需要密切关注项目的动态，既要洞察全局，又要紧盯细节。这种"见树又见林"的诉求，正是传统工具所不擅长的。如今，思维导图已成为项目管理中不可或缺的可视化利器。大多数思维导图软件巧妙地融合了甘特图功能，极大地提升了项目管理的效率。
- **市场部**：面对快速变化的市场，如何才能更高效制定出市场营销方案，策划出更直击目标客群的市场活动，调研收集各方的反馈及诉求？显然，这些都需要精心策划设计。在这个过程中，思维导图可以高效地帮助各位市场营销从业人员快速将所思所想呈现出来，群策群力推动各项方案落地。
- **销售部**：传统的 CRM 系统往往关注销售过程的管理。想要更高效地把控销售生命周期，随时了解潜在客户的动态，及时做出针对性的关键响应，已经成了当前每个销售人员需要具备的能力。思维导图可以帮助销售人员构建"作战全景图"，既能兼顾整体客情动向，又能关注每个具体客户的画像细节，从而更好地推动每个商机线索转化为销售业绩。

思维导图为企业带来了哪些核心价值？

- **协同**：企业中各部门间的职责和分工不尽相同，很多时候各自的立场和视角差异较大，日常跨部门沟通协同时容易产生矛盾。思维导图能帮助大家明确各自的任务节点和责任范围，减少因职责不清而导致的冲突。在项目执行过程中，可以实时更新思维导图，追踪进度，确保每个部门都能及时了解整体进展，调整自己的工作计划以适应变化的需求。这样，协同工作变得更加高效，企业的整体运作也会更加流畅。

- **创新**：创新引领，已成为当前企业追求高质量发展的核心要素。思维导图能够有效地帮助企业将传统经验与个人创意有机融合，更好地打破固有思维框架，激发团队成员的创新潜能，从而推动企业在产品研发、市场拓展、管理模式等方面实现突破性进展。

- **效率**：效率是企业管理和运营的关键。管理者通过思维导图可以更清晰地指明战略方向，使复杂的信息变得易于理解和记忆。员工则可以迅速掌握各项工作任务的核心要点，节省大量时间和精力。同时，思维导图支持多人在线协作，实时同步更新，避免了信息传递中的延误和误差。这不仅提升了工作效率，还增强了团队的凝聚力和执行力，为企业创造了更大的价值。

- **决策**：思维导图能够协助企业做出更明智的决策。通过集思广益，将各种信息和观点以图形化的方式呈现出来，有助于企业发现潜在的问题和机会。这种直观的展示方式使得决策者能够快速评估各种方案的优劣，从而选择最佳路径。此外，思维导图还能够帮助企业在决策过程中充分考虑各方利益相关者的需求和期望，提高决策的合理性和可接受性。

- **学习与发展**：思维导图不仅是一种管理工具，更是一种强大的学习工具。它不仅可以帮助员工系统地整理和吸收新知识，加深对业务领域的理解，还能激发员工的自主学习兴趣，鼓励他们在工作中不断探索和尝试。同时，思维导图的可视化特性也加速了知识的共享与传播，有助于营造学习型组织氛围，推动企业创新文化的形成，为企业的可持续发展注入源源不断的活力，使企业在激烈的市场竞争中保持领先地位。

2）职场思维导图的进化历程

职场思维导图是一种极具实用性和效率的工具，它在信息的快速整合方面发挥着重要作用，并且能够为决策提供强有力的支持。它不仅完美继承了传统思维导图所具有的结构化特点，使得信息能够以清晰、有序的方式呈现，更进一步融入了众多职场上常用的思维工具及图形。

在内在的四种核心思维模式上，职场思维导图和传统思维导图保持一致。变化主要体现在外在四要素上：

- **图形**：传统思维导图非常强调图形的美观性，而职场思维导图更强调图形的专业性。可以将职场上常用的图形：矩阵、鱼骨图、流程图、概念图、表格、图表（柱状图、饼图、折线图等）等作为素材，有机地融入思维导图中。
- **关键词**：传统思维导图非常强调关键词的作用，要求尽可能避免使用整句。职场思维导图虽然也认可关键词有助于思维的进一步联想和发散，但是实际绘制时相对灵活，对于整句并不完全排斥。对于特别长段的文字，也可以通过注释或附件的方式加入思维导图里。

- **色彩**：传统思维导图要求，每个一级主题及其后续展开的各级子主题，使用同一种颜色。职场思维导图也继承了这一习惯，但是对于需要特别强调的主题，也可以单独改变颜色以凸显主题。目前大部分思维导图软件预设了许多配色方案，调整颜色比传统手绘方便得多。
- **分支**：传统思维导图对于分支有非常严格的要求。例如，从中心向外由粗到细，关键词和图形都需要出现在分支的上面，保持分支的连续性并且特别反对使用直线。职场思维导图则从可阅读性上考虑，弱化了这些要求。直线、断开的分支、出现在分支中间的关键词和图形都被认为可以接受。

除了上述四点，两者还有以下不同点：

- **绘制方式**：传统思维导图以手绘为主，而职场思维导图则基于软件。这一点可能是两者最大的区别。从创作效率上来看，后者遥遥领先。
- **绘制方向**：传统思维导图强调将纸张横过来绘制，而得益于软件的发展，职场思维导图不再有这一要求。例如在手机上，纵向绘制更便于阅读，所以近年来竖版思维导图也越来越常见。
- **协同方式**：传统思维导图主要由一个人独自创作，而得益于互联网的发展，职场思维导图目前已经可以实现远程实时多人协同，在线进行一场头脑风暴变得很容易。
- **应用场景**：传统思维导图多用于个人学习和整理知识，而职场思维导图则更多地应用于团队项目管理和决策分析，不仅可以帮助个人理清思路，还能促进团队成员之间的沟通与合作，提高工作效率。

总之，职场思维导图与传统思维导图各有特点，随着科技的不断进步，职场思维导图的应用范围将会越来越广泛，成为所有现代职场人士不可或缺的工具之一。

2. 思维导图的未来展望

我们之前分析了思维导图当前的发展情况及在企业中的应用，并详细对比了职场思维导图与传统思维导图之间的差异。我们有理由相信，在科技飞速发展和社会不断进步的大背景下，思维导图作为一种高效的思维辅助和创新工具，必将会在各个领域发挥更为广泛且深远的影响力。

人工智能时代思维导图的机遇

我在本书第六章和第七章中均介绍了运用人工智能技术协同绘制思维导图的工具和方法。目前，以 DeepSeek 为代表的人工智能与思维导图的结合，已经带来了超出预期的效果。

首先，思维导图的绘制效率显著提升。仅须输入几个关键词，AI 即可生成结构完整的思维导图，并能够根据需求随时修改迭代。相较于传统的手绘方式或在电脑上的手动输入，这种智能化的操作优势明显。

其次，思维导图的内容将更具深度与广度。AI 不仅能梳理关键信息，更能基于海量知识库和实时数据，提供多维度分析视角与深层洞见。这使得思维导图不再停留于信息整理层面，而是转变为探索未知领域、激发创新思维的利器。

更重要的是，AI 与思维导图的融合将革新团队协作模式。智能化的人机协作，不仅提升了工作效率与创新能力，更为思维导图的深度发展开辟了全新路径。

使用人工智能绘制思维导图时需要注意的问题

过去，当我们在工作中遇到问题时，通常会先寻求搜索引擎的帮助。以撰写年终总结为例，我们可能会先在网上搜索相关的模板。经过一系列的筛选和阅读，最后下载并参考若干模板，结合自己的实际情况完成总结。这个过程可以概括为三个步骤：**信息检索→知识学习→**

实践应用。

而现在，随着人工智能技术的发展，在同样的场景下这一过程将被大大简化。我们只需要提出需求，人工智能便能自动构建框架。在这个基础上，我们只需添加相关的数据和资料，年终总结便呼之欲出。简而言之，步骤简化为：**提出需求→迭代优化。**

传统的知识学习需要经历知识检索、知识学习、知识内化、动手实践等一系列路径，才能将知识转化为生产力，并创造价值。而现在，通过人工智能瞬间就获得了想要的产出，这种效率上的提升，对于及时解决工作中遇到的问题有一定的帮助。但是长期以这种方式解决问题，可能会导致我们的思考能力被弱化。

当使用人工智能绘制思维导图时，这个问题可能会更加凸显。原本思维导图就是直观地将我们的思维从大脑中，搬到大脑外，逐步梳理优化成最终的结果。而借助人工智能，我们只是输入了几个关键词，就得到了一个思维导图框架。看似效率极高，但实际我们并没有真正参与整个思考过程，长此以往我们的大脑就会因为"最小阻力原则（即采用最省力的方式来处理信息）"，逐渐习惯于这种"不劳而获"的方式而丧失独立思考的能力，不再进行深入的思考和筛选，而是满足于人工智能提供的结果。

因此，想要避免这种情况的发生，我们应该学会与人工智能协同工作，发挥各自的优势。既要充分地利用人工智能在检索资料和处理信息方面的优势，同时也要保持独立的思考能力。在生成思维导图框架之后，我们可以结合自己的理解和认知，对各个节点进行拓展和完善，确保思维导图切实地反映我们的思想和观点。只有这样，人工智能与人类智慧相结合，才能发挥出最大的效能，帮助我们更好地解决问题，提升工作效率。

用一句话总结：**在使用人工智能绘制思维导图时，我们应该学会与人工智能协同工作，发挥各自的优势。**

本章总结

1. 思维导图（Mind Map）诞生于20世纪60年代末，由著名的英国教育家东尼·博赞所发明，最初用于解决线性笔记效果不佳的问题。而目前已经有超过3亿人使用这一工具来提升思维质量。

2. 思维导图从一个中心主题开始，随着灵感创意的不断涌现，向各个方向延伸出若干一级主题，再由各个一级主题继续发展出二级、三级主题……可以非常快速地得到大量创意。随后经过多轮分类、归纳、排序等迭代后，思路会逐渐清晰。既能保证思维的广度，也能兼顾思维的深度。

3. 思维导图核心价值：把原本看不见也摸不着的思维（Mind），从大脑中导出变成了一张地图（Map），可视化地呈现在我们面前。这样一来就能方便地对思维进行优化，将最初混沌的思绪变成有价值的创意。

4. 思维导图外在四要素：图形、关键词、色彩、分支。

5. 思维导图内在四核心：逆向思维、水平思维、垂直思维、平行思维。

6. 全脑思维强调思考时要尽可能兼顾左右脑，思维导图通过对外在四要素和内在四核心的综合运用，能够很好地实现这一目标。

7. 思维导图与人工智能的结合，可以很好地提升大脑思维的效率，这也是未来的发展方向。但是使用人工智能时需要让自己参与思考过程，避免"拿来主义"。